普通高等教育"十二五"规划教材

客舱设备与服务

赵　鸣　徐振领　编著

国防工业出版社

·北京·

内 容 简 介

本书共三篇,分别是基础知识篇、客舱设备篇、客舱服务篇。基础知识篇介绍了航空运输设备,包括飞机和机场的基础知识及与客舱设备课程最为密切的相关内容,同时介绍了我国航空公司的主要机型及客舱设备相关参数。客场设备篇介绍了主要客场设备的原理及操作,包括飞机舱门及自备梯、客舱服务设备、客舱应急设备和客舱系统等部分。客舱服务篇介绍了民航乘务员工作标准与服务标准、"三舱"服务、动车组客舱设备及原理等内容。

图书在版编目(CIP)数据

客舱设备与服务/赵鸣,徐振领编著. —北京:国防工业出版社,2013.4
ISBN 978-7-118-08663-8

Ⅰ.①客…　Ⅱ.①赵…②徐…　Ⅲ.①民用航空 –航空设备 – 教材 ②民用航空 – 旅客运输 – 商业服务 – 教材　Ⅳ.①V241 ②F560.9

中国版本图书馆 CIP 数据核字(2013)第 034839 号

※

国防工业出版社出版发行

(北京市海淀区紫竹院南路 23 号　邮政编码 100048)
国防工业出版社印刷厂印刷
新华书店经售

＊

开本 787×1092　1/16　印张 9½　字数 235 千字
2013 年 4 月第 1 版第 1 次印刷　印数 1—4000 册　定价 32.00 元

(本书如有印装错误,我社负责调换)

国防书店:(010)88540777　　发行邮购:(010)88540776
发行传真:(010)88540755　　发行业务:(010)88540717

前　　言

　　本书是"空中乘务专业建设"系列教材之一。教材内容主要来自于长期的教学实践和航空公司内部培训资料,以波音系列和空客系列主要机型为基础,重点介绍了航空运输设备、我国民航主要机型及参数、客舱设备原理及操作、客舱服务等主要内容。

　　本书具备以下特点:

　　(1)理论与实践相结合。该书各章节既有对客场设备原理的详细阐述,也有对具体设备的操作说明,并重点介绍了航空公司常用机型的客舱设备。

　　(2)系统性与科学性相结合。该书不仅介绍了客场设备的外围设备,如航空运输设备,还介绍了内部客舱设备,同时考虑到目前部分空乘毕业生就业的需要,增加了其他客舱设备部分,如动车组客场设备等。

　　本书可作为高等院校乘务专业学生教材,也可作为学习参考用书。

　　由于水平有限,书中难免会有遗漏和不足之处,望各位同行不吝赐教,以便再版时修正。

目　录

第一篇　基础知识篇

第1章　航空运输设备概述

航空运输设备体系由飞机、机场和通信导航设备组成。

1.1　飞机及其设备与系统概述

1.1.1　飞机的概念及分类

1. 飞机的概念

飞机是现代生活中不可缺少的运输工具,其专业术语是固定翼机(fixed-wing aircraft),是指由固定翼产生升力,由推进装置产生推(拉)力,在大气层中飞行的重于空气的航空器。这种定义是为了与滑翔机(glider)和旋翼机(autogyro)有所区别。

飞机具有两个最基本的特征:其一是飞机自身的密度比空气大,并且由动力驱动前进;其二是飞机有固定的机翼,机翼提供升力使飞机翱翔于天空。同时具备以上特征者才能称为飞机,这两条缺一不可。例如:某飞行器的密度小于空气,那它就是气球或飞艇;如果没有动力装置,只能在空中滑翔,则称为滑翔机;飞行器的机翼如果不固定,靠机翼旋转产生升力,就是直升机或旋翼机。

2. 飞机的分类

飞机依其分类标准的不同,可以有不同的类型。

按飞机的用途划分,有民用航空飞机和国家航空飞机之分。国家航空飞机是指军队、警察和海关等使用的飞机,民用航空飞机主要是指航线飞机和通用航空(general aviation)飞机。航线飞机也称运输机,分为运送旅客的客机和专门运送货物的货机,还有由客机改装成的客货混用的客货两用机。客机按航程的远近可以分为远程客机、中程客机和短程客机,按国际上通常的标准,航程在3000km以下者为短程客机,3000km~8000km为中程客机,8000km以上为远程客机。由于这个界定并不明确,有时把航程在5000km以内的飞机称为中短程客机,5000km以上者称为中远程客机。根据《中华人民共和国民用航空法》第145条的规定,通用航空是指使用民用航空器从事公共航空运输以外的民用航空活动,包括从事工业、农业、林业、渔业和建筑业的作业飞行以及医疗卫生、抢险救灾、气象探测、海洋监测、科学实验、教育训练、文化体育等方面的飞行活动。

按飞机发动机的类型分,有螺旋桨飞机(propeller airplane)和喷气式飞机(jet aircraft)之分。螺旋桨飞机,包括活塞螺旋桨式飞机和涡轮螺旋桨式飞机,飞机发动机为活塞螺旋桨式,这是最原始的动力形式。它利用螺旋桨的转动将空气向机后推动,借其反作用力推动飞机前进。螺旋桨转速越高,则飞行速度越快。喷气式飞机,包括涡轮喷气式和涡轮风扇喷气式飞机。这种机型的优点是结构简单,速度快,一般时速可达500英里~600英里(1英里约1.609km);燃料费用节省,装载量大,一般可载客400人~500人或100t货物。

按飞机的发动机数量分,有单机(动机)飞机、双发(动机)飞机、三发(动机)飞机、四发(动机)

飞机之分。

按飞机的飞行速度分,有亚声速飞机和超声速飞机之分,亚声速飞机又分低速飞机(飞行速度低于400km/h)和高亚声速飞机(飞行马赫数为0.8~8.9)。多数喷气式飞机为高亚声速飞机。

我国民航局以客座数为标准,将飞机划分成大、中、小型三类,飞机的客座数在100座以下的为小型,100座~200座为中型,200座以上为大型。航程在2400km以下的为短程,2400km~4800km为中程,4800km以上为远程。但分类标准是相对而言的。

1.1.2 飞机的构造

1. 飞机的基本构造——机体

飞机的基本结构部分可以分为机身、机翼、尾翼、起落架和动力装置等几大部分(图1.1),通常把机身、机翼、尾翼、起落架这几部分构成飞机外部形状的部分合称为机体。

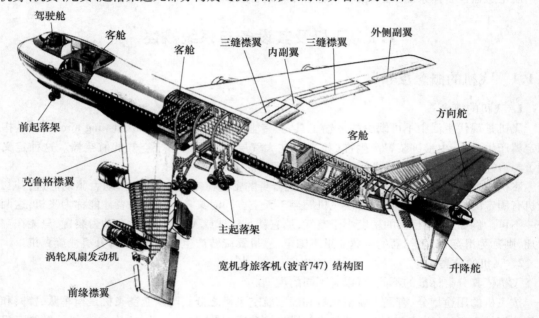

图1.1 飞机结构图

(图片来源:http://www.chinabaike.com/article/316/327/2007/2007022259165.html)

1)机翼

机翼是飞机升力的基本来源,是飞机必不可少的部分。机翼一般分为左右两个翼面,对称地布置在机身两边。机翼的一些部位(主要是前缘和后缘)可以活动。驾驶员操纵这些部分可以改变机翼的形状,控制机翼升力或阻力的分布,以达到增加升力或改变飞机姿态的目的。机翼上常用的活动翼面(图1.2)有各种前后缘增升装置、副翼、扰流片、减速板、升降副翼等。机翼内部经常用来放置燃油。在机翼厚度允许的情况下,飞机主起落架也经常是全部或部分地收在机翼内。此外,许多飞机的发动机直接固定在机翼上或吊挂在机翼下面。

(1)机翼的形状 机翼的形状主要是指机翼的平面形状、切面形状、扭转角和左右半翼的倾斜度。而机翼的空气动力性能,主要取决于机翼的平面形状和切面形状。因此,下面分别介绍机翼的平面形状和切面形状。

① 机翼的平面形状 机翼的平面形状是指从飞机顶上往下看,其在水平面上的投影。常用的有矩形翼、梯形翼、椭圆翼、后掠翼、三角翼等,现代高速客机一般使用后掠翼(图1.3)。现代飞机

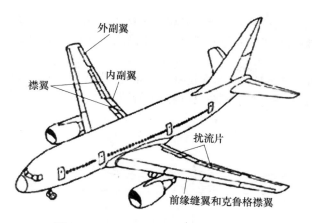

图 1.2　飞机机翼和机翼上的活动翼面

一般都是单翼机,但历史上也曾流行过双翼机(两副机翼上下重叠)、三翼机和多翼机(图 1.4、图 1.5)。根据单翼机的机翼与机身的连接方式,可分为下单翼、中单翼、上单翼和伞式上单翼(即机翼在机身的上方,由一组撑杆将机翼和机身连接在一起),现代客机一般采用下单翼。

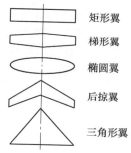

矩形翼

梯形翼

椭圆翼

后掠翼

三角形翼

图 1.3　机翼的平面形状

图 1.4　双翼机

图 1.5　三翼机

② 机翼的切面形状　机翼横切面的轮廓叫翼型或翼剖面(图 1.6)。最早的飞机,机翼是一块平板,这种机翼升力很小,后来为了增加升力,将机翼翼型做成像鸟翼那样的形状,因此出现了弓形翼型。随着飞行速度的进一步提高,阻力较大的弓形翼型又不适用,因此出现了平凸形、双凸形、对称形、圆弧形、菱形等翼型(图 1.7)。

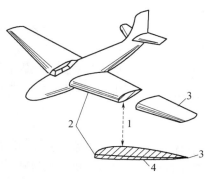

图 1.6　机翼翼型

1—翼剖面;2—前缘;3—后缘;4—翼弦。

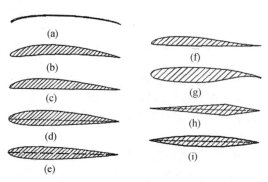

图 1.7　常见翼型

(a)薄翼剖面;(b)凹凸翼型;(c)平凸翼型;
(d)双凸翼型;(e)对称翼型;(f)S形翼型;
(g)超临界翼型;(h)菱形翼型;(i)双弧形翼型。

3

现代低速飞机的机翼,大多采用平凸形和双凸形翼型,高速飞机的机翼一般采用对称形翼型。超声速飞机的机翼,多采用圆弧形和菱形翼型。由于民航飞机大多使用亚声速飞机,所以广泛采用平凸形和双凸形翼型。

（2）机翼的安装角　反角是机翼装在机身上的角度,即机翼与水平面所成的角度。从机头沿飞机纵轴向后看,翼梢向上翘时为上反角,翼梢向下折转时为下反角(图1.8)。现代客机一般采用上反角。

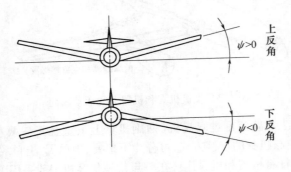

图1.8　机翼反角

（3）机翼的结构　机翼的结构由翼梁和桁条做纵向骨架,翼肋做横向骨架,整个骨架外面蒙上蒙皮构成了机翼,翼梁承担着机翼上主要的作用力,桁条嵌在翼肋上以支持蒙皮,翼肋则保持着机翼的翼型,并支持着蒙皮承受空气动力,机翼根部和机身接着承受着巨大的应力,因而这一部分要特别加固。因此,机翼结构的基本组成为翼梁、桁条、翼肋、蒙皮(图1.9)。

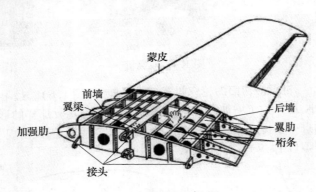

图1.9　机翼的结构

（4）机翼的内部空间　机翼内部的空间,除了安装机翼表面上的各种附加翼面的操纵装置外,它的主要部分经密封后,可以存放燃油。不少飞机起落架舱安置在机翼中,有些飞机的发动机装在机翼上,大部分客机的发动机吊装在机翼下。

2）机身

机身是飞机的主体部分,现代民航机绝大部分的机身是筒状的,机头装置着驾驶舱,用来控制飞机;中部是客舱或货舱,用来装载旅客、货物;燃油设备的后部和尾翼相连。机身把机翼、尾翼和起落架连在一起。驾驶舱中装置了各种仪表和操纵装置对飞机进行控制。

机身的外形是一个两头小、中间大的流线体。头部向下收缩以扩大驾驶员视野,尾部向上收缩,防止着陆时尾部擦地,机身中部是等截面的筒状(图1.10、图1.11)。

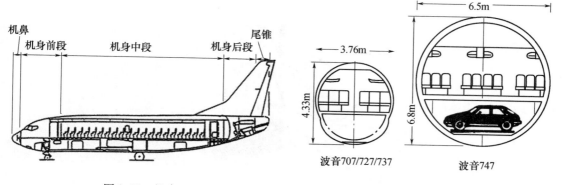

图 1.10　机身

图 1.11　机身剖面形状

波音707/727/737

波音747

目前,机身结构大致可以分为半硬壳式和硬壳式两类。半硬壳式是指横向隔框、纵向长桁或梁及其蒙皮组合而成的结构;硬壳式结构是指由蒙皮与少数隔框组成的结构。具体而言,机身主要有桁架式、桁条式、桁梁式、梁式、硬壳式以及加筋硬壳等多种结构形式。桁架式机身结构仅在小型或轻型飞机上使用。纯硬壳式机身结构,由于其开口性能差,破损安全性能低,内部结构布置不方便等原因,只在早期的飞机上使用,现代飞机已很少采用。

桁条式机身(图 1.12)是以桁条为主要纵向受力构件,由桁条、蒙皮和隔框构成的机身。由于这种机身的桁条和蒙皮较强,桁条沿机身周围均匀排列,弯矩引起的轴向力全部由桁条蒙皮承受,受压稳定性较好、抗扭刚度大、结构生存力强,更适用于高速飞机。

桁梁式机身(图 1.13)是由较强的桁梁、较弱的桁条、薄蒙皮和隔框组成的机身。桁梁与隔框、蒙皮铆接成一体;桁条通常都穿过隔框上的缺口,只与蒙皮铆接。结构材料为铝合金,一般用于小型飞机或有大开口的机身结构。

图 1.12　桁条式机身

图 1.13　桁梁式机身

梁式机身结构由蒙皮、隔框和纵向大梁组成。载荷主要由大梁承受,蒙皮只承受剪力,不参加纵向承载。这种结构形式适用于承受轴向集中载荷较大的机身以及需要大开口的情况;由于蒙皮不参加纵向承力而只承受剪力,材料利用率不高,故结构相对桁梁式较重。

虽然纯粹的硬壳式机身结构在现代飞机上很少采用,但硬壳式蒙皮与其他结构形式的混合在现代大型飞机机身结构已经得到了使用,并且有不断扩大的趋势。

3)尾翼

尾翼(图 1.14),专业名称为扰流板,是飞机尾部的水平尾翼和垂直尾翼的统称,它的作用是保证飞机三个轴的方向稳定性和操纵性。

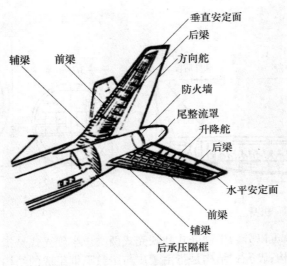

图 1.14　尾翼

尾翼结构和机翼结构相似,也由纵、横向骨架和蒙皮、接头组成。小型飞机的安定面多采用梁式构造,大型飞机的安定面一般都采用多纵墙的单块式构造。

水平尾翼由水平安定面和升降舵组成,水平安定面是固定的,升降舵则可以上下转动,水平安定面的作用是保持飞机在飞行纵向的稳定,升降舵的运动则可以控制飞机向上抬头或向下的低头运动,现代高速客机的水平尾翼可以整体运动,称为全动式尾翼,这样可提高纵向操纵的效率,水平尾翼一般安装在机身上。有些飞机上。为了避免发动机的喷气或延缓激波的产生,水平尾翼装在垂直尾翼上。

垂直尾翼由活动的方向舵和固定的垂直安定面组成。方向舵可以左右转动,方向舵左转,它承受迎面气流的压力,使机尾向右、机头向左,实现飞机的左转,反之则右转;垂直安定面的作用是当飞机受到干扰偏离航向时,垂直安定面上就会受到迎面气流的力,使飞机恢复到原来的航向。垂直尾翼有单垂尾、双垂尾、多垂尾等多种形式,但是现在的旅客机和小型飞机都采用单垂尾,一个垂尾直立于机身中线上方,这种形式结构简单,质量小。

4)起落架

起落架就是飞机在地面停放、滑行、起降滑跑时用于支持飞机质量、吸收撞击能量的飞机部件。简单地说,起落架有一点像汽车的车轮,但比汽车的车轮复杂得多,而且强度也大得多,它能够消耗和吸收飞机在着陆时的撞击能量。概括起来,起落架的主要作用有以下四个:承受飞机在地面停放、滑行、起飞着陆滑跑时的重力;承受、消耗和吸收飞机在着陆与地面运动时的撞击和颠簸能量;滑跑与滑行时的制动;滑跑与滑行时操纵飞机。

(1)基本组成　现代飞机的起落架一般包括起落架舱、制动装置、减震装置和收放装置几个部分。为适应飞机起飞、着陆滑跑和地面滑行的需要,起落架的最下端装有带充气轮胎的机轮。为了缩短着陆滑跑距离,机轮上装有刹车或自动刹车装置。此外还包括承力支柱、减震器(常用承力支柱作为减震器外筒)、收放机构、前轮减摆器和转弯操纵机构等(图1.15)。承力支柱将机轮和减震器连接在机体上,并将着陆和滑行中的撞击载荷传递给机体。前轮减摆器用于消除高速滑行中前轮的摆振。前轮转弯操纵机构可以增加飞机地面转弯的灵活性。对于在雪地和冰上起落的飞机,起落架上的机轮用滑橇代替。

① 减震器　飞机在着陆接地瞬间或在不平的跑道上高速滑跑时,与地面发生剧烈的撞击,除充气轮胎可起小部分缓冲作用外,大部分撞击能量要靠减震器吸收。现代飞机上应用最广的是油

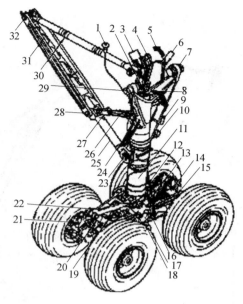

图 1.15　起落架的基本组成

1—机械下位锁指示器；2—充气阀；3,6—至机翼的管路；4—液压收放作动筒；5—至机翼的导线管；
7,29—后、前(转轴)轴销；8—管路支架；9—支柱电线接线盒；10—(收放)作动筒柱销；11—减震支柱；
12—歧管(集合管)；13—夹紧装置；14—车架锁；15—刹车连杆；16—平衡传感器；
17—上位锁减震器；18—车架横梁连接销；19—车架横梁定位器；20,22—下、上扭力臂；21—刹车；
23—侧支撑杆螺帽；24—下位锁弹簧(2个位置)；25,31—下、上侧支撑杆；
25,37—上、下副撑杆(锁定用)；28,32—下、上侧支撑杆锁钉；30—横向支撑杆。

液空气减震器。当减震器受撞击压缩时，空气的作用相当于弹簧，贮存能量。而油液以极高的速度穿过小孔，吸收大量撞击能量，把它们转变为热能，使飞机撞击后很快平稳下来，不致颠簸不止。

②收放系统　收放系统一般以液压作为正常收放动力源，以冷气、电力作为备用动力源。一般前起落架向前收入前机身，而某些重型运输机的前起落架是侧向收起的。主起落架收放形式大致可分为沿翼展方向收放和翼弦方向收放两种。收放位置锁用来把起落架锁定在收上和放下位置，以防止起落架在飞行中自动放下和受到撞击时自动收起。对于收放系统，一般都有位置指示和警告系统。

③机轮和刹车系统　机轮的主要作用是在地面支持飞机的质量，减少飞机地面运动的阻力，吸收飞机着陆和地面运动时的一部分撞击动能。主起落架上装有刹车装置，可用来缩短飞机着陆的滑跑距离，并使飞机在地面上具有良好的机动性。机轮主要由轮毂和轮胎组成。刹车装置主要有弯块式、胶囊式和圆盘式三种。应用最为广泛的是圆盘式，其主要特点是摩擦面积大，热容量大，容易维护。

（2）布置形式　起落架的布置形式有前三点式、后三点式、自行车式、多支柱式（图1.16）。

①前三点式起落架　飞机上使用最多的是前三点式起落架（图1.16(a)）。前轮在机头下面远离飞机重心处，可避免飞机刹车时出现"拿大顶"（即倒立）的危险。两个主轮左右对称地布置在重心稍后处，左右主轮有一定距离可保证飞机在地面滑行时不致倾倒。飞机在地面滑行和停放时，机身地板基本处于水平位置，便于旅客登机和货物装卸。重型飞机用增加机轮和支点数目的方法减低轮胎对跑道的压力，以改善飞机在前线跑道上的起降滑行能力。

前三点式起落架的优点：

＊着陆简单，安全可靠。若着陆时的实际速度大于规定值，则在主轮接地时，作用在主轮的撞

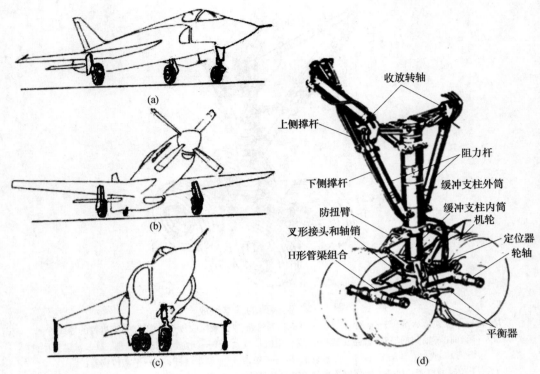

图 1.16　起落架的布置形式

（a）前三点式；（b）后三点式；（c）自行车式；（d）多支柱式。

击力使迎角急剧减小,因而不可能产生像后三点式起落架那样的"跳跃"现象。

　　* 具有良好的方向稳定性,侧风着陆时较安全。地面滑行时,操纵转弯较灵活。

　　* 无倒立危险,因而允许强烈制动,因此,可以减小着陆后的滑跑距离。

　　* 因在停机,起飞、降落滑跑时,飞机机身处于水平或接近水平的状态,因而向下的视界较好,同时喷气式飞机上的发动机排出的燃气不会直接喷向跑道,因而对跑道的影响较小。

　　前三点式起落架的缺点:

　　* 前起落架的安排较困难,尤其是对单发动机的飞机,机身前部剩余的空间很小。

　　* 前起落架承受的载荷大、尺寸大、构造复杂,因而质量大。

　　* 着陆滑跑时处于小迎角状态,因而不能充分利用空气阻力进行制动。在不平坦的跑道上滑行时,超越障碍(沟渠、土堆等)的能力也比较差。

　　* 前轮会产生摆振现象,因此需要有防止摆振的设备和措施,这又增加了前轮的复杂程度和质量。尽管如此,由于现代飞机的着陆速度较大,保证着陆时的安全成为考虑确定起落架形式的首要决定因素,而前三点式在这方面与后三点式相比有着明显的优势,因而得到最广泛的应用。

　　② 后三点式起落架　早期在螺旋桨飞机上广泛采用后三点式起落架(图 1.16(b))。其特点是两个主轮在重心稍前处,尾轮在机身尾部离重心较远。后三点起落架重量比前三点轻,但是地面转弯不够灵活,刹车过猛时飞机有"拿大顶"的危险,现代飞机已很少采用。

　　后三点式起落架的优点:

　　* 在飞机上易于装置尾轮。与前轮相比,尾轮结构简单,尺寸、质量都较小。

　　* 正常着陆时,三个机轮同时触地,这就意味着飞机在飘落(着陆过程的第四阶段)时的姿态与地面滑跑、停机时的姿态相同。也就是说,地面滑跑时具有较大的迎角,因此,可以利用较大的飞

8

机阻力来进行减速,从而可以减小着陆时的滑跑距离。因此,早期的飞机大部分都是后三点式起落架布置形式。

后三点式起落架的缺点:

* 在大速度滑跑时,遇到前方撞击或强烈制动,容易发生倒立现象。因此为了防止倒立,后三点式起落架不允许强烈制动,因而使着陆后的滑跑距离有所增加。

* 如着陆时的实际速度大于规定值,则容易发生"跳跃"现象。因为在这种情况下,飞机接地时的实际迎角将小于规定值,使机尾抬起,只有主轮接地。接地瞬间,作用在主轮的撞击力将产生抬头力矩,使迎角增大,由于此时飞机的实际速度大于规定值,导致升力大于飞机重力而使飞机重新升起。以后由于速度很快地减小而使飞机再次飘落。这种飞机不断升起、飘落的现象称为"跳跃"。如果飞机着陆时的实际速度远大于规定值,则跳跃高度可能很高,飞机从该高度下落,就有可能使飞机损坏。

* 在起飞、降落滑跑时是不稳定的。如果在滑跑过程中,某些干扰(侧风或由于路面不平,使两边机轮的阻力不相等)使飞机相对其轴线转过一定角度,这时在支柱上形成的摩擦力将产生相对于飞机质心的力矩,它使飞机转向更大的角度。

* 在停机,起飞、降落滑跑时,前机身仰起,因而向下的视界不佳。

基于以上缺点,后三点式起落架的主导地位便逐渐被前三点式起落架所替代,目前只有一小部分小型和低速飞机仍然采用后三点式起落架。

③ 自行车式起落架 还有一种用得不多的自行车式起落架,它的前轮和主轮前后布置在飞机对称面内(即在机身下部),重心距前轮与主轮几乎相等。为防止转弯时倾倒,在机翼下还布置有辅助小轮(图 1.16(c))。这种布置型式由于起飞时抬头困难而较少采用。

④ 多支柱式起落架(图 1.16(d)) 这种起落架的布置形式与前三点式起落架类似,飞机的重心在主起落架之前,但其有多个主起落架支柱,一般用于大型飞机上。如美国的波音 747 旅客机、C - 5A(军用运输机,起飞质量均在 350t 以上)以及苏联的伊尔 86 旅客机(起飞质量 206t)。显然,采用多支柱、多机轮可以减小起落架对跑道的压力,增加起飞着陆的安全性。

在这四种布置形式中,前三种是最基本的起落架形式,多支柱式可以看做是前三点式的改进形式。目前,在现代飞机中应用最为广泛的起落架布置形式就是前三点式。

(3) 结构形式 起落架的结构形式主要有构架式、支柱式和摇臂式三种(图 1.17)。

构架式起落架的主要特点是:它通过承力构架将机轮与机翼或机身相连。承力构架中的杆件及减震支柱都是相互铰接的。它们只承受轴向力(沿各自的轴线方向)而不承受弯矩。因此,这种结构的起落架构造简单,质量也较小,在过去的轻型低速飞机上用得很广泛。但由于难以收放,现代高速飞机基本上不采用。

支柱式起落架的主要特点是:减震器与承力支柱合而为一,机轮直接固定在减震器的活塞杆上。减震支柱上端与机翼的连接形式取决于收放要求。对收放式起落架,撑杆可兼作收放作动筒。扭矩通过扭力臂传递,亦可以通过活塞杆与减震支柱的圆筒内壁采用花键连接来传递。这种形式的起落架构造简单紧凑,易于放收,而且质量较小,是现代飞机上广泛采用的形式之一。支柱式起落架的缺点是:活塞杆不但承受轴向力,而且承受弯矩,因而容易磨损及出现卡滞现象,使减震器的密封性能变差,不能采用较大的初压力。

摇臂式起落架的主要特点是:机轮通过可转动的摇臂与减震器的活塞杆相连。减震器亦可以兼作承力支柱。这种形式的活塞只承受轴向力,不承受弯矩,因而密封性能好,可增大减震器的初压力以减小减震器的尺寸,克服了支柱式的缺点,在现代飞机上得到了广泛的应用。摇臂式起落架的缺点是构造较复杂,接头受力较大,因此它在使用过程中的磨损亦较大。

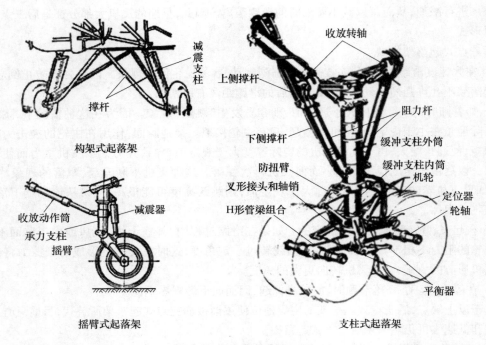

构架式起落架

摇臂式起落架

支柱式起落架

图 1.17 起落架的结构形式

2. 飞机的动力装置

飞机的动力装置,也称航空推进系统,是指为航空器提供动力,推动航空器前进的装置。它包括航空发动机以及为保证其正常工作所必需的系统和附件,如燃油系统、滑油系统、点火系统、启动系统和防火系统等。发动机是飞行器的动力源,它的性能对飞行器性能有极重要的影响。人们常形象地将其称为飞行器的心脏。

1)航空发动机发展简史

作为飞机的心脏——航空发动机,自从应用到飞机上以来,一直在迅猛发展,经历了从活塞式到喷气式的历程,从而大大推动飞机及其他飞行器的发展和性能的提高。与航空器的发展史一样,航空发动机也经历了百余年的发展。

1885 年,美国人莱特兄弟在技师泰勒的帮助下,设计制造了一台活塞式汽油发动机,1903 年将这种发动机和螺旋桨装于莱特兄弟制造的一架双翼飞机,完成了人类历史上的首次有动力的飞行,开创了飞行的新纪元。

从 20 世纪初到 20 世纪 40 年代中期,所有带动力的飞行器都毫无例外的以活塞式发动机/螺旋桨为动力装置。飞行速度乘推力即是发动机需要提供的推进功率。如果不考虑由螺旋桨轴功率转变为推进功率过程的损失,则发动机的输出功率就等于推进功率。1943 年左右,活塞式发动机已发展到很高的水平,单台发动机的功率可达 2800kW,耗油率近似为 0.3kg/(kw·h),功率与发动机质量的比值等于 1.0kW/kg~1.4kW/kg。

1935 年,德国人汉斯·冯·奥海因(Hans von Ohain)博士开始了世界上第一台离心式喷气发动机 HeS-3A 的设计,并于 1936 年完成研制。该发动机的发展型 HeS-3B 由海特尔·昆特(Hertel Günter)博士完成,推力约为 400daN,装于首架喷气式飞机亨克尔 He-178 上,1939 年 8 月 27 日完成首飞,使飞机的飞行速度达到 700 km/h。

1942 年,另一位德国人海尔伯特·瓦格纳(Herbert Wagner)教授完成了世界上第一台轴流燃气涡轮发动机的研制。

在瓦格纳教授的研究基础上,奥地利工程师安塞尔姆·弗朗兹（Anselm Franz）博士加以改造和完善,最终设计定型为容克 Jumo 004 涡喷发动机,推力为882daN,用做第二次大战时期德国著名的 Me－262 双发喷气式战斗机的动力。

单轴不加力的涡轮喷气发动机(简称涡喷发动机)结构简图如图1.18所示。图1.18(a)是具有轴流压气机的涡轮喷气发动机,图1.18(b)是具有离心式压气机的涡轮喷气发动机。

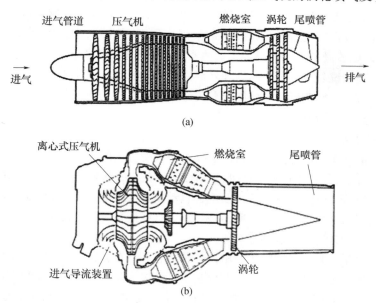

图 1.18　典型的涡轮喷气发动机结构简图

(a) 具有轴流压气机的涡轮喷气发动机;(b) 具有离心式压气机的涡轮喷气发动机。

发动机工作时,空气连续不断地被吸入压气机,并在其中压缩增压后,进入燃烧室中喷油燃烧成为高温高压燃气,再进入涡轮中膨胀做功以驱动压气机。经过涡轮的气流仍然具有较高的压力和温度,通过尾喷管以高速排出发动机,产生反作用推力。

2）涡轮喷气发动机特点

涡喷发动机的出现,是热机发展史上的重大突破,不仅使飞机突破了声障而且能达到声速的3倍以上。与活塞式发动机/螺旋桨动力装置比较,涡轮喷气发动机有如下主要特点:

（1）活塞式发动机是热机,但本身不能产生推力,只能从轴上输出功率带动螺旋桨,由螺旋桨产生推力,所以螺旋桨称为推进器。活塞式发动机(热机)加螺旋桨(推进器)称为活塞式动力装置。涡轮喷气发动机既是热机又是推进器。

（2）在一定的飞行速度范围内,随着飞行速度的增加,涡轮喷气发动机产生的推力增加,因为进入发动机的空气质量流量随着飞行速度的增加而增加,因此涡轮喷气发动机适于高速飞行。

（3）活塞式发动机工作时,空气是间断地进入汽缸,气体的压缩、燃烧和膨胀过程发生在同一汽缸中,只有一个行程对外做功;而燃气轮机工作时,空气是连续不断地被吸入,气体的压缩、燃烧和膨胀过程分别在压气机、燃烧室、涡轮和尾喷管等不同部件中连续地进行,因而涡轮喷气发动机有更大的功率输出。

（4）活塞式发动机是往复机械,惯性力大,故转速不能太大;涡轮喷气发动机是旋转机械,转速可以较高。

（5）活塞式发动机的燃烧过程在封闭的空间中进行,燃烧过程中气体的压力和温度急剧地上升,必须采用笨重的汽缸;涡喷发动机地燃烧过程在开口的空间进行,燃烧过程基本上是等压的,燃烧室结构轻巧。

（6）与活塞式发动机相比，涡喷发动机最大的缺点是经济性差。

1.1.3 飞机的机载设备及系统

机载设备及系统是为完成各种飞行和任务而安装的各种设备及系统的总称，主要用做导航、通信、目标探测、座舱显示与环境控制、信息综合与处理、电子对抗以及飞机发动机和武器系统的控制与管理等。由于电子技术特别是计算机技术的发展应用，使飞机设备及系统发生了重大的革新。在现代飞机上，机载电子设备已成为决定飞机性能和效能的重要因素。

飞机的电子仪表系统是飞机感知和处理外部情况并控制飞行状态的核心，相当于人的大脑及神经系统，对保障飞行安全、改善飞行性能起着关键作用。飞机的电子仪表系统共分为三部分，飞行控制仪表系统、导航系统和通信系统。

1. 飞行控制仪表系统

飞行控制系统的基本功能是控制飞机气动操纵面改变飞机的布局，增加飞机的稳定性、改善操纵品质、优化飞行性能。其具体功能有：保持飞机姿态和航向；控制空速及飞行轨迹；自动导航和自动着陆；地形跟随及地形回避；编队飞行以及配合自动空中交通管制等，目的是减轻飞行员工作负担，做到安全飞行，提高完成任务的效率和经济性。飞行控制系统一般由传感器、计算机、伺服作动器、控制显示装置、检测装置及能源部分组成。

飞机的控制仪表系统是提供飞机飞行中的各种信息和数据，使驾驶员及时了解飞行情况，对飞机进行控制以顺利完成飞行任务。飞行控制仪表第一类是大气数据仪表，包括气压高度表、飞行速度表、气温度表、大气数据计算机等组成；第二类是飞行姿态指引仪表，包括陀螺地平仪、协调转弯仪、姿态指引仪、磁罗盘、航向指示仪等。

2. 飞机综合电子控制系统

1）飞行管理计算机系统

飞机驾驶自动化的进一步发展，要求把飞机的信号基准系统、启动驾驶系统和显示系统统一综合管理，使飞机在整个航线实现最佳性能的自动驾驶飞行，这个任务即由飞行管理计算机系统完成。

2）飞行信息记录系统

它包括两个部分，一个是驾驶舱话音记录器，把驾驶舱内发生的声音和飞行的各种性能数据记录在磁带上；另一个部分是数字飞行数据记录器，记录飞行时各种参数，可记录 25h 中的 60 多种数据。这些记录被放在一个耐热抗震的金属容器中，即俗称的"黑匣子"。其主要用于事故分析和飞机维修。

3）飞机自动驾驶系统

飞机自动驾驶功能早就出现了，只是它所能控制的范围太小，一开始是利用陀螺仪控制和纠正飞机的飞行姿态；20 世纪 30 年代发展成可控制和保持飞机的高度、速度和航迹的自动驾驶仪；50年代时又出现导航系统、仪表着陆系统相配合的自动驾驶仪，实现飞机长距离自动飞行、起飞和着陆；而到 70 年代中期，因为计算机的应用，自动驾驶仪实现了更高程度的自动化。在现代化大中型民航飞机中，飞机自动驾驶系统由四个部分组成：自动驾驶仪指引系统、推力管理系统、偏航阻导系统和自动安定面配平系统。

4）电传操纵系统

简单地说，电传操纵系统就是把传统的对飞机的机械操纵全部改为电信号代替，从而形成了电传操纵,其好处是:减少了机械系统的摩擦和时间延迟,反应速度更快,操纵灵敏性更高;避免了原来的手动操纵与自动操纵间转换时的不协调,并减少了机械系统的装置及质量,飞机驾驶更为方便省力;更主要的是,它提高了飞机的机动性。在民航飞机中,最先采用电传操纵的是空中客车 A320,至 20 世纪 90 年代,各飞机生产商所生产的大型客机都改为了电传操纵。

5)近地警告系统

此系统是 20 世纪 70 年代后开始装备飞机的,功能是通过灯光和声音通知驾驶员飞机正在以不安全的方式或速度靠近地面,警告驾驶员预防因疏忽或计算不周而发生的触地事故。

6)空中警告及避撞系统

根据二次雷达用应答机确定飞机编号、航向和高度的原理,把询问装置装在飞机上,使飞机之间可以显示相互之间的距离间隔,帮助驾驶员采取相应的措施,防止空中碰撞。

3. 导航系统

飞机导航系统是用来确定飞机位置、速度和航向并引导飞机按预定航线飞行的整套设备。在军用飞机上,导航系统还兼有为武器投放、侦查、巡逻、反潜和救援等任务提供基准的功能。

根据工作原理,导航系统可分为他备式导航和自备式导航两大类。为发挥不同导航系统的优点,出现了组合导航系统。他备式导航系统的数据是由飞机上的导航设备依靠外部的基准导航台(包括地面或卫星)来取得,包括各种无线电导航系统,如塔康、伏尔、罗兰、奥米加以及卫星导航系统等。组合导航系统是两种或两种以上导航系统的结合,这类系统多以惯性导航作为分系统,然后构成惯性/多普勒、惯性/罗兰、惯性/奥米加、惯性/天文和惯性/全球定位等组合系统。

根据作用距离不等,机载导航系统可分为远程、中近程、区域和进场着陆几种:

(1)远程导航系统。通常把作用距离达几千千米以上的归为远程导航系统,一万千米以上的为超远程导航系统。罗兰 – C 是一种典型的远程导航系统,定位精度为 0.925km ~ 5.55km;奥米加是典型的超远导航系统,定位精度为 1.85km ~ 3.7km;全球定位系统(GPS)属于测距型卫星导航系统,工作范围可覆盖全球大部分地区,目前绝大部分飞机的无线电导航系统已被 GPS 取代。

(2)中近程导航系统。典型的有无线电罗盘、台卡、伏尔和塔康(TACAN)等。塔康即战术空中导航系统,能同时完成测距和测向任务。

(3)区域导航系统。由各导向设备(如 VOR、DME、大气数据计算机等)、计算机、控制显示器等组成,是航空导航的一种新发展。

(4)进场着陆系统。进场着陆是飞机航行的最后一个重要阶段。飞机沿下滑线从 30km ~ 50km 处开始,一直降至跑道延长线上空 20km ~ 30km 高度处,这一阶段称为进场;飞机在垂直平面内,由典线飞行至触地,并沿跑道滑行至完全停止,这一阶段称为着陆。仪表着陆系统(ILS)是国际上广泛采用的标准无线电进场着陆系统;微波着陆系统(MLS)则是着陆系统的新发展,其主要优点是精度高,可满足大型机场的Ⅲ类着陆要求。

此外还有空中交通管制系统(ATC)和空中防撞系统,用以确保飞行安全和提高飞行效率。近年来由于计算机和通信卫星技术的迅速发展,空中交通管制系统由人工管制系统逐步向半自动化和自动化的空中交通管理系统发展。

4. 通信系统

通信系统是完成通信过程的全部设备和传输媒介,实现飞机与飞机之间,飞机与地面(水上)之间信息的传输。机载通信系统主要由通信设备、机内通话设备、通信终端设备和数据传输引导等设备组成。其中机载通信设备主要包括高频(HF)、甚高频(VHF)、超高频(UHF)和甚高频(VHF)/超高频(VHF)通信设备,卫星通信设备及救生通信电台等。

机载通信设备主要负担指挥、联络和内部通信等三个方面的任务。它具有三种通信形式:近距离通信、远距离通信和机内通信。

5. 液压/气压/刹车系统

1)液压系统

它是以油液为介质传递动力的系统,将液压动力变换为机械能,以达到驱动负载的目的。液压系统在飞机上主要用于飞机操纵系统如副翼、方向舵、水平尾翼和扰流片的操纵装置,也用于起落架、襟翼和减速板的收放、尾喷口操纵、进气锥操纵以及雷达和武器的操纵装置。

2)气压系统

气压系统以压缩空气为工作介质,通过气压作动装置完成一定的操作任务,可分为主气压系统和应急气压系统两种,前者用于座舱盖操纵和气密系统、机炮装弹系统、机轮刹车系统、减速伞抛放系统和开启炸弹舱门以及投弹系统等。气压系统具有经济安全、质量小、速度快等优点,目前还可以用在发动机的推力矢量和反推力系统。

大型飞机上的气压系统是液压系统的辅助系统,用于紧急情况或辅助动力,分为高压系统、中压系统和低压系统。

3)刹车系统

刹车系统包括机轮防滑刹车系统、直升机旋翼刹车系统以及减速伞系统、反推力系统、减速板装置以及反桨装置等。机轮防滑刹车系统主要向采用数字技术和电刹车装置的方向发展,也有的采用碳—碳复合材料的盘式刹车装置。

6. 飞机燃油系统

功能是储存燃油并在各飞机条件下连续可靠地向发动机供给燃油,对于军用机,可通过空中加油增大航程和续航时间。对于高速飞机,燃油还可以用于冷却飞机结构。早期的燃油系统为简单的机械系统,20世纪80年代出现了电子数字式的油量测量和管理系统,下一步将与飞行保障设备的其他系统综合。

燃油系统由燃油箱、加放油系统、供油系统、燃油管理系统、通气增压系统、防火防爆装置以及防冰装置等部分组成。燃油系统是保证飞机获取动力的必要保证装置,它包括飞机上的储油设备和向发动机供应油料的系统。

小型飞机使用重力供油,油箱安装的比发动机高,燃油依靠重力流入发动机。在对飞机加油时,也是采用翼上加油方式。

大型现代客机耗油量很大,如波音747(简称B747)每小时耗油量为9t~10t,最大载油量约170t,靠重力供油不能满足要求,必须采用压力供油方式。加油车对飞机加油时,是采用飞机翼下的加油方式,也称压力加油。大型飞机的燃油系统由油箱、油泵、供油管道、加油系统、放油系统组成,其中油箱为整体性油箱,直接利用机翼和机身的部分结构空间作油箱。

7. 电气系统

飞机电气系统由电源系统、输配电系统和用电设备三大部分组成,也可将前二者总称为供电系统。其功能是产生、变换和分配电能,是确保飞机各系统正常工作和飞机安全飞行必不可少的重要系统之一。用电设备则分属各机载系统。

飞机用电设备按其重要性可分为三类:

(1)飞行关键设备,如仪表、飞行控制系统、仪表着陆系统和通信电台等,它们是确保飞机安全返航或就近降落(包括维持可操纵飞行)所需的最低限度的用电设备。正常供电期间由主电源供电,当主电源失效需要转入应急供电时,应能自动或人工地转为由应急电源供电。

（2）任务关键设备，是完成飞行任务所必需的设备，如民用飞机中的座舱增压设备、空调设备等。在飞机应急供电时，为确保重要负载得到供电，将视故障的严重程度，切除部分乃至全部任务关键设备。

（3）一般用电设备，如座舱照明和厨房炊具等，它们正常工作与否并不危及飞行安全，故当主电源发生局部故障而提供的功率有限时，为确保对重要负载和主要负载供电。

8. 飞机座舱环境控制系统

飞机在天空飞行时，随着高度的增加，大气压力下降使大气中含氧量下降，若飞行高度超过4000m，人就会出现缺氧症状，不能维持正常的活动，所以必须采用环境保护措施来保障乘客和机组人员的生命安全。这种保障系统即称为座舱环境控制系统，包括氧气系统、增压座舱和空调系统三个组成部分。

1）氧气系统

现代飞机多采用增压座舱，正常飞行时，飞机座舱高度（座舱内的绝对压力所对应的海拔高度）一般不超过2400m（8000英尺），因而不需要额外供氧。飞机氧气系统主要是保证在飞机座舱失密后的供氧，而手提氧气设备可用于飞行中的紧急医疗救助、着火和其他紧急情况。

飞机氧气系统由三个部分组成：机组氧气系统、乘客氧气系统和手提氧气设备。机组氧气系统独立于乘客氧气系统。机组氧气系统大多采用高压氧气瓶系统供氧；而大多数飞机（B737、B757、B767和B777）的乘客氧气系统采用化学氧气发生器供氧，个别飞机（如B747-400）的乘客氧气系统采用高压氧气瓶供气。

2）增压座舱

既然飞机飞行高度超过4000m后就会使人产生减压症状，所以人们就想办法进行增压保护。以前活塞式飞机的解决办法是给乘员穿上抗荷服、戴上氧气面罩。喷气式飞机的飞行高度在7000m以上，所以必须给整个座舱增压，增压的座舱是密封的，所以增压座舱又叫气密座舱。正因为这样，飞机如在飞行中出现机体破损或人为原因打开舱门或应急舱门情况，就会出现机内乘客或物品被吸入天空甚至机体爆炸解体的现象。所以乘客乘机时千万不要因为好奇等原因触动飞机应急舱门手柄，以防造成不必要的损失和危险。

增压座舱内的大气压力由飞机环境控制系统控制，使之高于环境气压并根据飞行高度自动调节，以保证乘员在高空飞行时具有舒适环境和工作条件。增压座舱有大气通风式和再生式两种。大气通风式增压座舱的原理是将环境大气经压缩提高压力后，由飞机环境控制系统对座舱增压和通风，然后经座舱压力调节器排回到大气中去。大气通风式增压座舱一般限于24km以下高度使用，在更高的高度上由于空气稀薄，需要使用再生式增压座舱。再生式增压座舱的空气与大气隔绝，用机载压缩气源对座舱增压并补偿少量的座舱漏气，用过的空气经再生后在舱内循环使用。再生式增压座舱主要用于飞行高度大于24km的飞机和载人航天器。现代飞机广泛使用大气通风式增压座舱。

增压座舱的功用是：①通过舱压调节，乘员可以减轻或避免高空低气压引起的缺氧症、高空减压病、胃肠气体膨胀和航空中耳气压症；②为舱内乘客提供良好的空气调节，使舱内空气温度、湿度、压力、气流速度和空气清洁度等符合生理标准；③舱壁上的隔热材料既可减小座舱热载荷，又可降低噪声。增压座舱内的空气压力与舱外大气压力之差称为座舱压差，是座舱设计的一项参数。座舱压力随高度变化的规律称为座舱压力制度。不同用途的飞机对座舱压力的要求不同。旅客机采用高压差座舱。歼击机采用低压差座舱，目的是减轻飞机结构质量，以适应战斗要求。座舱通风空气流量应满足增压、调温和保持空气清洁度等要求。

3）空调系统

此系统用于保证座舱内的温度、湿度和 CO_2 浓度，以保障舒适安全的飞行环境。飞机空调系统由加热、通风、去湿等部分组成，循环供应。

9. 飞机防冰排雨系统

飞机防冰排雨系统的主要作用是防止飞机的某些关键区域或部件结冰，并且在雨天飞行，保证驾驶舱风挡的干燥，使其不会妨碍驾驶员的视线。

1）飞机防冰系统

在结冰的气象条件下飞行的飞机，若无防冰措施，飞机的所有迎风面都可能结冰。飞机结冰后，不仅增加了飞机的质量，而且破坏了飞机的气动外形，因而阻力增加，使飞机操纵性能下降，传感器结冰则会导致信号失真和指示失常。

飞机上的主要防冰区域有机翼、尾翼、发动机进气道、螺旋桨、风挡玻璃和测温测压探头。根据这些部位的不同和防冰所需能量的大小，对不同区域有不同的防冰方法。根据防冰所采用能量形式的不同，可分成机械除冰系统、液体防冰系统、热空气防冰系统和电热防冰系统。

2）飞机防雨装置

飞机防雨主要是指防止雨水在风挡玻璃上聚集，因为这会影响驾驶员的视线。中小型飞机采用和汽车同样的雨刷刷去雨水，只不过这种雨刷要承担更大的速度和空气动力载荷，功率更大。大型飞机多用化学液体喷洒在风挡上，这种防雨液的作用是使雨片聚积成球状，不在玻璃上依附，然后被吹走，因而不影响视线。这种方法只有在雨水较大能把风挡玻璃湿透时才使用，在雨水较小时，防雨液可能黏在玻璃上，清洗较困难，也有的飞机从发动机引来热气吹在风挡外面来防雨。

1.2　机　场

1.2.1　机场的概念及分类

1. 机场的概念

机场是供飞机起飞、着陆、停驻、维护、补充给养、组织飞行保障活动所用的场所。机场是民航运输网络中的节点——是航空运输的起点、终点和经停点。机场可实现运输方式的转换，是空中运输和地面运输的转接点，因此可以把机场称为航空站。

2. 机场的分类

1）按航线性质分类

民用机场按航线性质可分为国际机场和国内机场。

（1）国际机场。供国际航线定期航班飞行使用，有出入境和过境设施，并设有固定的联检机构（海关、边防检查、卫生检疫、动植物检疫、商品检验等）的机场。国际机场一般也同时供国内航线定期航班飞行使用。

（2）国内机场。供国内航线定期航班飞行使用的机场，没有国际航线定期航班。

2）按航线布局分类

根据航线布局，可将民用机场分为枢纽机场、干线机场和支线机场。

（1）枢纽机场。指全国航空运输网络和国际航线的枢纽，机场运输业务特别繁忙。

（2）干线机场。指以国内航线为主，兼有少量国际航线，可全方位建立跨省、地区的国内航线，运输业务量较为集中的机场。干线机场一般为省会、自治区首府及重要旅游、开放城市的机场。

（3）支线机场。指分布在各省、自治区内，设有通往邻近省区的短途航线的机场，业务量相对较少。

3. 机场的飞行区等级指标

机场的飞行区等级根据指标Ⅰ、指标Ⅱ来划分,具体见表1.1。

表1.1　飞行区基准代号

飞行区指标Ⅰ	飞机基准飞行场地长度/m	飞行区指标Ⅱ	翼展/m	主起落架外轮距/m
1	< 800	A	< 15	< 4.5
2	800 – < 1200	B	15 – < 24	4.5 – < 6
3	1200 – < 1800	C	24 – < 36	6 – < 9
4	≥ 1800	D	36 – < 52	9 – < 14
		E	52 – < 65	9 – < 14
		F	65 – < 80	14 – < 16

注:(1) 飞机基准飞行场地长度是指在标准条件下,即标高为0、气温15℃、无风、跑道无坡的情况下,该机型以最大质量起飞时所需的平衡场地长度;

(2) 第二要素的代字,选用翼展和主起落架外轮外侧间距两者中要求高的代字

1.2.2　机场的构成

民用机场主要由飞行区、旅客航站区、货运区、机务维修设施、供油设施、空中交通管制设施、安全保卫设施、救援和消防设施、行政办公区、生活区、生产辅助设施、后勤保障设施、地面交通设施及机场空域等组成。

1. 飞行区

飞行区是机场内供飞机起飞、着陆、滑行和停放的地区,包括跑道、升降带、跑道端安全区、停止道、净空道、滑行道、机坪以及机场净空。其地面设施是机场的主体,见图1.19。

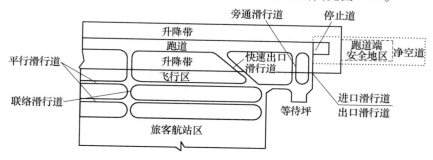

图1.19　机场飞行区地面设施的组成

1)跑道

(1)概述　我国民用机场的跑道通常用水泥混凝土筑成,少数用沥青混凝土筑成。

民用机场通常只设一条跑道,有的运输量大的机场设两条甚至更多的跑道。跑道按其作用可分为主跑道、次要跑道等。主跑道是指在条件许可时比其他跑道优先使用的跑道,按使用该机场最大机型的要求修建,长度较长,承载力也较高。次要跑道是指因受侧风影响,飞机不能在主跑道上起飞着陆时,供辅助起降用的跑道。由于飞机在辅助跑道上起降都有逆风影响,所以其长度比主跑道短些。

跑道根据其配置的无线电导航设施情况可分为非仪表跑道及仪表跑道两种。

① 非仪表跑道是指只能供飞机用目视进近程序飞行的跑道。

② 仪表跑道是指可供飞机用仪表进近程序飞行的跑道，又分为：

a）非精密进近跑道。装有目视助航设备和一种至少足以提供直线进入的方向性引导的非目视助航设备的仪表跑道。

b）精密进近跑道：

Ⅰ类精密进近跑道。装有仪表着陆系统和/或微波着陆系统以及目视助航设备，供决断高度不低于 60m 和能见度不小于 800m 或跑道视程不小于 550m 时飞行的仪表跑道。

Ⅱ类精密进近跑道。装有仪表着陆系统和/或微波着陆系统以及目视助航设备，供决断高度低于 60m 但不低于 30m 和跑道视程不小于 350m 时飞行的仪表跑道。

Ⅲ类精密进近跑道。装有仪表着陆系统和/或微波着陆系统能把飞机引导至跑道上着陆和滑行的仪表跑道，进一步分为三种：

ⅢA，用于决断高度小于 30m 或不规定决断高度和跑道视程不小于 200m 时运行；ⅢB，用于决断高度小于 15m 或不规定决断高度和跑道视程小于 200m 但不小于 50m 时运行；ⅢC，用于不规定决断高度和跑道视程限制时运行。

（2）影响跑道长度的主要因素　跑道直接供飞机起飞着陆用，是机场最重要的组成部分。如果设计偏长，就会造成浪费，而且多占土地。如果设计偏短，就会影响飞机起飞着陆安全，或使飞机不能满载起飞，影响经济效益。供运输机用的跑道长度主要根据起飞要求确定，因此下面只介绍影响起飞所需跑道长度的因素。其因素主要有飞机、机场、大气三类。

① 飞机　不同机型飞机的空气动力性能及发动机推力不同，因而所需跑道长度不同。跑道长度应按该机场需要最长的机型进行计算。

当飞机起飞质量较小时，为了延长发动机寿命，可以用比最大起飞推力小一些的推力起飞（也称使用灵活推力起飞）。跑道长度应按最大起飞推力进行计算。

飞机起飞襟翼偏度增大，可使起飞所需跑道长度减短，但使爬升梯度（坡度）减小，因而起飞质量有时会受爬升梯度和越障要求的影响不得不减载起飞。所以跑道长度计算时选用的起飞襟翼偏度，应为保证飞机满足最低爬升梯度和越障要求的前提下最大的偏度。

飞机起飞时，如将发动机部分高温气体引用于空调和防冰系统，将会减少推力，从而使所需跑道增长。跑道长度应按空调和防冰系统关闭的情况进行计算。

为了充分发挥机场的效益，跑道长度通常按飞机结构限制的最大起飞质量进行计算。但是，有的机场受航程或飞机起飞越障限制等影响，飞机不需要或不能以结构限制的最大质量起飞，而是以较小的质量起飞。因此在进行跑道长度计算时，应先确定最大计算起飞质量。

② 机场　机场如果设置停止道或净空道，则跑道长度可短些。

飞机逆坡起飞所需跑道较长，飞机顺坡起飞所需跑道较短。跑道长度通常按逆坡起飞的不利情况确定。

跑道纵坡有平均纵坡和有效纵坡两种。平均纵坡是指跑道中心线两端高差除以跑道长度得出的坡度。有效纵坡是指跑道中心线上最高点与最低点的高差除以跑道长度得出的坡度。由于跑道长度主要根据飞机在不利条件下能够安全继续起飞和中断起飞的要求确定，因此飞机在不利条件下起飞时将在跑道端附近离地或停住，所以跑道长度计算采用平均纵坡较合理。

③ 大气　飞机逆风起飞着陆，可以使滑跑距离减短，顺风起飞着陆则使滑跑距离增长。通常主要跑道都可以保证飞机向两端起飞着陆。只要出现不是垂直跑道方向的大侧风，飞机都可以进行逆风起飞着陆，以减短滑跑距离。所以主要跑道的长度应按无风的不利情况进行确定。

气温升高，使大气密度降低，导致发动机推力下降以及飞机离地速度和接地速度增加，使起飞滑跑距离和着陆滑跑距离增大，因而使所需跑道增长。

跑道长度计算应采用当地较高的气温,但不宜采用当地年最高气温。因为出现年最高气温的时间很短,如果为了保证在这短暂的高温时间飞机仍能满载起飞,则跑道需要很长,不经济。跑道长度计算气温宜经过优选确定,其值应比年最高气温低一些,低至由于高温使航班延误起飞及减载起飞所造成的总损失等于跑道长度减短而获得总收益时的气温。其值应使飞行保障率不小于95%。目前我国跑道长度计算气温采用每年最热月的每天最高气温的平均值,并取近期的多年平均值。

气压降低使大气密度降低,导致发动机推力降低以及飞机离地速度和接地速度增加,使起飞滑跑距离和着陆滑跑距离增大,因而使所需跑道增长。高原机场跑道比相同等级的平原机场跑道长,就是由于高原的气压比平原的低。

跑道长度计算气压应根据当地气象台实测资料确定,采用相应于计算气温的实测气压。由于气压值随时间变化较小,为了简化工作,可采用当地年最热月平均气压的多年平均值。

（3）跑道宽度　跑道宽度要满足飞机起降的滑跑要求。跑道宽度与跑道运行类别(仪表,非仪表;精密,非精密);飞机主起落架外轮外侧横向间距;飞机滑跑时的横向偏移;飞机开始滑跑前机体纵向轴线与跑道中线的吻合程度等因素有关。出于安全考虑,跑道必须具有一定的宽度裕量。跑道宽度要求见表1.2。

表 1.2　跑道最小宽度

飞行区 指标 I	飞行区指标 II					
	A	B	C	D	E	F
1 *	18	18	23	—	—	—
2 *	23	23	30	—	—	—
3	30	30	30	45	—	—
4	—	—	45	45	45	60
*：飞行区指标 I 为 1 或 2 的精密进近跑道的宽度应小于 30m						

（4）跑道横坡　为便于排水,跑道宜采用双向横面坡,跑道各部分的横坡应基本一致。关于横坡标准见表1.3。

（5）跑道纵坡　跑道的纵坡应尽可能平缓。跑道各部分纵坡应不大于表1.4中的规定值。

表 1.3　跑道横坡

飞行区指标 II	F	E	D	C	B	A
最大横坡	0.015	0.015	0.015	0.015	0.020	0.020
最小横坡	0.010	0.010	0.010	0.010	0.010	0.010
注:跑道与滑行道相交处可根据需要采用较平缓的坡度						

表 1.4　跑道各部分的最大纵坡

飞行区指标 I	4	2	3	1
跑道有效坡度 *	0.010	0.010	0.020	0.020
跑道两端各四分之一长度	0.008	0.008	0.020	0.020

飞行区指标 I	4	2	3	1
跑道其他部分	0.0125	0.015	0.020	0.020
相邻两个坡度的变化	0.015	0.015	0.020	0.020
变坡曲线的最小曲率半径/m	30,000	15,000	7,500	7,500
其曲面变率,每30m为	0.001	0.002	0.004	0.004
*:跑道有效坡度为跑道中线上最高点和最低点标高之差除以跑道长度				

（6）跑道视距（RVR）　为了保证飞行安全,在跑道上飞行员必须具有良好的视野。当跑道变坡不能避免时,对跑道视距有特别要求。规定:Ⅱ=C、D、E、F的跑道,在高于跑道3m的任何一点上应能看到至少半条跑道长度内的高于跑道3m的任何其他点;Ⅱ=B的跑道,在高于跑道2m的任何一点上应能看到至少半条跑道长度内的高于跑道2m的任何其他点;Ⅱ=A的跑道,在高于跑道1.5m的任何一点上应能看到至少半条跑道长度内的高于跑道1.5m的任何其他点。具体见图1.20。

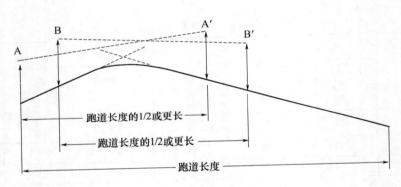

图1.20　跑道视距示意图

（7）跑道道肩　紧接跑道边缘要铺道肩,作为跑道和土质地面之间的过渡,以减少飞机一旦冲出或偏出跑道时被损坏的危险。道肩也能减少雨水从邻接土质地面渗入到跑道下面的土基,确保土基强度。跑道道肩通常用水泥混凝土或沥青混凝土筑成。由于飞机不在道肩上滑行,所以道肩的厚度比跑道薄一些。

跑道两侧道肩的最小宽度应为1.5m。飞行区指标Ⅱ为D或E的跑道,其道面及道肩的总宽度应不小于60m。指标Ⅱ为F的跑道,其道面及道肩的总宽度应不小于75m。跑道道肩的强度和结构应满足飞机偶然滑出跑道时不致造成飞机的结构损坏,并能承受偶然通行的车辆荷载。跑道道肩表面应能防止被飞机气流吹蚀。道肩与跑道相接处的表面应齐平。道肩横坡宜较跑道横坡大0.5%~1%,但道肩最大横坡应不大于2.5%。

（8）防吹坪　为防止起飞飞机发动机尾流对跑道端外侧土质区造成的吹蚀,要紧邻跑道端设防吹坪。防吹坪应自跑道端至少向外延伸60m其宽度等于跑道道面和道肩的总宽度。防吹坪表面应与其相联的跑道表面齐平,并应具有良好的摩阻力。防吹坪表面的颜色宜与跑道表面颜色有显著差别。

2）升降带

飞行区必须设置升降带。升降带应包含跑道和停止道(设有时)。升降带平面尺寸见表1.5。

表 1.5　升降带平面尺寸

序号	项　目	跑道类型	基准代码			
			4	3	2	1
1	自跑道或停止道端向外至少延伸的距离	仪表跑道	60	60	60	60
		非仪表跑道	60	60	60	30
2	自跑道中线算起每侧最小宽度	仪表跑道	150	150	75	75
		非仪表跑道	75	75	40	30
3	自跑道中线算起每侧平整及压实的最小宽度	仪表跑道	75	75	40	40
		非仪表跑道	75	75	40	30
4	自跑道中线算起每侧不准有固定物体的最小宽度	各类精密进近跑道	60	60	—	—
		一类精密进近跑道	60	60	45	45

跑道两侧的升降带土质地区,主要供保证飞机在起飞着陆滑跑过程中一旦偏出跑道时的安全用,不允许有危及飞行安全的障碍物。跑道两侧附近的土质地区应平整并压实,其纵横坡度应足以防止积水和符合无线电导航设施的技术要求。但纵横坡度不宜过大,以防止雨水冲蚀地面,确保飞机偏出跑道时的安全。跑道两端的升降带土质地区,主要供保证飞机在起飞着陆过程中一旦冲出跑道时以及着陆提前接地时的安全用,应平整和压实。在邻近跑道至少 30m 长的地区应铺道面,防止地面被起飞飞机吹蚀而产生坑洞。其纵坡尽量与跑道端部相同,以确保飞行安全。代码 3 或 4 的仪表跑道的升降带平整范围离跑道中线至少 75 m,代码 3 或 4 的精密进近仪表跑道的升降带,其平整范围宜大一些,见图 1.21。

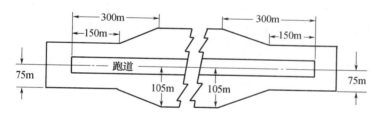

图 1.21　代码为 3 或 4 的精密进近仪表跑道升降带平整范围

升降带平整部分的纵、横坡应符合表 1.6 的规定值。纵坡变化应平缓,避免急剧的变坡或反坡。为利于排水,从跑道道肩或停止道的边缘向外 3m 内的横坡应为降坡,坡度应不大于 5%。升降带平整部分以外的任何部分的横坡,其升坡应不大于 5%。

表 1.6　升降带平整部分坡度

飞行区指标 I	4	3	2	1
纵坡,不大于	0.015	0.0175	0.02	0.02
横坡,不大于	0.025	0.025	0.03	0.03

3）跑道端安全区

飞行区指标 I 为 3 或 4 及飞行区指标 I 为 1 或 2 并为仪表跑道时,必须在升降带两端设置跑道端安全区。

跑道端安全区必须自升降带端向外至少延伸 90m。飞行区指标 I 为 3 或 4 的跑道端安全区宜自升降带端向外延伸 240m;飞行区指标 I 为 1 或 2 的跑道端安全区宜自升降带端向外延伸 120m。

跑道端安全区的宽度必须至少等于与其相连的跑道宽度的两倍,条件许可时应不小于与其相连的升降带平整部分的宽度。

跑道端安全区内对飞机构成危险的物体,应尽可能移去。

跑道端安全区的坡度应不突出进近面或起飞爬升面。同时,跑道端安全区的纵坡的降坡应不大于5%,变坡应平缓,避免急剧的变坡或反坡。跑道端安全区的横坡,其升坡或降坡均应不大于5%,不同坡度之间的过渡应尽可能平缓。

跑道端安全区应进行平整,其强度应满足飞机过早接地或冲出跑道时对飞机的危害最小,并能承受救援和消防车辆偶尔在其上通行。

4)停止道

当跑道长度较短,不能确保飞机中断起飞安全时,机场就要设停止道,以弥补跑道长度的不足。停止道应修建道面。由于停止道在飞机正常起飞着陆时不使用,只是发生意外时才使用,因此可选用比跑道低级一些的道面。但停止道的强度应在飞机中断起飞承载时不致造成飞机的结构损坏。

停止道长度应经过计算确定,停止道的宽度应等于与其相连接的跑道的宽度。停止道表面的摩阻特性应良好。

由于停止道在跑道两端都要设置,占地较多,所以我国通常不采用。

5)净空道

当跑道较短,只能保证飞机起飞滑跑的安全,而不能确保飞机完成初始爬升(爬升至10.7 m高)的安全时,机场应设净空道,以弥补跑道长度的不足。

净空道的起点应位于可用起飞滑跑距离的末端。净空道的长度应不大于可用起飞滑跑距离的1/2;宽度应自跑道中线延长线向两侧延伸不少于75m。

净空道的地面纵坡的升坡应不大于1.25%。净空道的地面坡度应避免急剧的向上的变坡。净空道中线延长线两侧各22.5m或跑道宽度的1/2(取其较大值)范围内的坡度、变坡和自跑道至净空道的过渡,宜与其相连的跑道的坡度、变坡相一致。

净空道上对空中的飞机安全有危害的物体应移去。因航行需要必须在净空道地面上设置的设备或装置应满足易折要求,安装高度应尽可能低。

6)跑道公布距离

当跑道设置了停止道和(或)净空道以后,或由于各种原因跑道入口内移时,必须在跑道的每个方向公布适用于飞机起降的各种可用距离,即跑道的"公布距离"(图1.22),以便使用该机场的飞机据此正确地进行起飞和着陆。

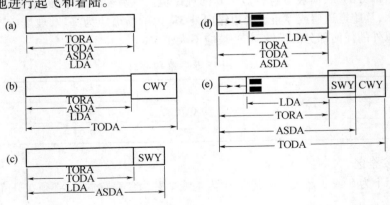

注:所示的全部公布距离均为从左至右运行

图1.22 跑道的公布距离

22

公布距离包括以下四个:

(1) 可用起飞滑跑距离 TORA,适用于飞机起飞时作地面滑跑使用的跑道长度。

(2) 可用起飞距离 TODA,即可用起飞滑跑距离 TORA 加上所设置的净空道长度。

(3) 可用加速—停止距离 ASDA,即可用起飞滑跑距离 TORA 加上所设置的停止道长度。

(4) 可用着陆距离 LDA,即适用于飞机着陆时作地面滑跑使用的跑道长度。

图 1.23 给出了提供跑道公布距离的一种格式。如果跑道的某个方向,由于飞行上的原因禁止起飞或降落,或既不能用于起飞也不能用于降落,则须用"不适用"(Not Usable)或缩写"NU"字样予以公布。

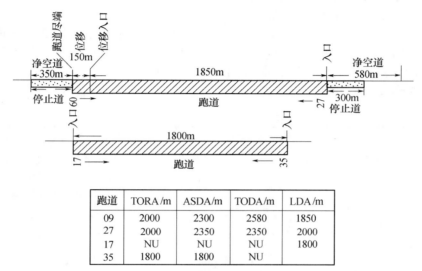

跑道	TORA/m	ASDA/m	TODA/m	LDA/m
09	2000	2300	2580	1850
27	2000	2350	2350	2000
17	NU	NU	NU	1800
35	1800	1800	NU	

图 1.23　跑道公布距离示例

7）滑行道

(1) 滑行道分类　滑行道供飞机从飞行区的一部分通往其他部分用。主要有下列五种,见图1.24。

① 进口滑行道。设在跑道端部,供飞机进入跑道起飞用。设在双向起飞着陆用的跑道端的进口滑行道,亦作为出口滑行道。

② 旁通滑行道。设在跑道端附近,供起飞的飞机临时决定不起飞时,从进口滑行道迅速滑回用。也供跑道端进口滑行道堵塞时飞机进入跑道起飞用。

③ 出口滑行道。供着陆飞机脱离跑道用。交通量较大的机场,除了设在跑道两端的出口滑行道外,还应在跑道中部设置。设在跑道中部有直角出口滑行道和锐角出口滑行道两种。锐角出口滑行道亦称为快速出口滑行道。

④ 平行滑行道。平行跑道供飞机通往跑道两端用。在交通量很大的机场,通常设置两条平行滑行道,分别供飞机来往单向滑行使用,这两条平行滑行道合称为双平行滑行道。

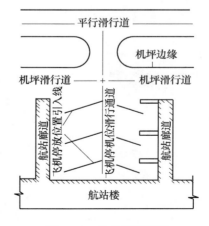

图 1.24　机位滑行通道

⑤ 联络滑行道。交通量小的机场,通常只设一条从

站坪直通跑道的短滑行道,这条滑行道称为联络滑行道。交通量大的机场,双平行滑行道之间设置垂直联接的短滑行道,也称为联络滑行道,供飞机从一条平行滑行道通往另一条平行滑行道用。

此外,还有站坪及货机坪上的机坪滑行道和机位滑行通道,见图1.24。机坪滑行道指设在机坪边缘,供飞机穿越机坪用的通道。机位滑行通道指从机坪滑行道通往飞机停机位或其他航站地区的通道。

（2）滑行道布局要求 滑行道布局,既要满足使用要求,又要经济节约,按分期发展的交通量相应分期设置滑行道系统。每期工程要为下一期扩建提供方便。

滑行道布局要畅通简捷,尽量沿直线布置,少转弯,少交叉。在转弯和交叉点,应设置大半径的弯道和必要的增补面。应避免穿越跑道。

平行滑行道距跑道、平行滑行道之间以及滑行道距物体等,应符合规定的间距要求,具体见表1.7。

尽量使塔台能看到所有滑行道。避免在公众易于接近的地区布设滑行道。滑行道要与其他设施相适应。滑行飞机不影响停放飞机,也不干扰导航设备的工作。滑行飞机不吹袭附近的建筑物及道路等,必要时采取适当防护措施。

表1.7 滑行道最小间距

飞行区指标 II	滑行道中线距跑道中线的距离								滑行道中线距滑行道中线的距离	滑行道中线（不包括机位滑行通道）距物体的距离	机位滑行通道中线距物体的距离
	仪表跑道				非仪表跑道						
	飞行区指标 I				飞行区指标 I						
	1	2	3	4	1	2	3	4			
(1)	(2)	(3)	(4)	(5)	(6)	(7)	(8)	(9)	(10)	(11)	(12)
A	82.5	82.5	—	—	37.5	47.5	—	—	23.75	16.25	12
B	87	87	—	—	42	52	—	—	33.5	21.5	16.5
C	—	—	168		—	—	93		46.5	28.5	24.5
D	—	—	176	176	—	—	101	101	66.5	40.5	36
E	—	—		182.5	—	—		107.5	80	47.5	42.5
F	—	—		190	—	—		115	97.5	57.5	50.5

（3）滑行道系统几何要求 滑行道道面最小宽度由最大主起落架外轮外侧的间距加2倍主起落架外轮外侧与滑行道道面边缘的净距而得,见表1.8。

代码为C、D、E、F的滑行道两侧应设道肩,其宽度应保证发动机不会吸入砂石及吹蚀土质地面。滑行道直线部分的道面加两侧道肩的最小总宽度见表1.9。

表1.8 滑行道最小宽度

飞行区指标 II	滑行道道面的最小宽度/m
A	7.5
B	10.5
C	飞机前后轮距 <18m 时,15 飞机前后轮距 ≥18m 时,18
D	飞机外侧主起落架轮距 <9m 时,18 飞机外侧主起落架轮距 ≥9m 时,23
E	23
F	25

表 1.9　滑行道道面与道肩之和的最小宽度

飞行区指标Ⅱ	滑行道直线段道面及道肩的最小总宽度/m
C	25
D	38
E	44
F	60

除机位滑行通道外,滑行道必须设置滑行带。滑行带内不得有危害飞机滑行的障碍物。滑行带中心部分应进行平整,平整范围应不小于(自滑行道中线向两侧):飞行区指标Ⅱ为 A,11m;指标Ⅱ为 B 或 C,12.5m;指标Ⅱ为 D,19m;指标Ⅱ为 E,22m;指标Ⅱ为 F,30m。滑行带的表面应与滑行道道面或道肩边缘齐平。滑行带平整部分横向的最大降坡(以水平面为基准面)为 5%;最大升坡为(以相邻滑行道表面的横坡为基准):飞行区指标Ⅱ为 C、D、E、F 的滑行带,2.5%;指标Ⅱ为 A、B 的滑行带,3%。滑行带平整范围以外的部分的横坡(升坡或降坡)应不大于 5%。

2. 旅客航站区

航站区是机场的客货运输服务区,是为旅客、货物、邮件空运服务的。航站区是机场空侧与陆侧的交接面,是地面与空中两种不同交通方式进行转换的场所。航站区主要由三部分组成:①客运航站楼,货运站;②航站楼、货运站前的交通设施,如停车场、停车楼等;③航站楼、货运站与飞机的连接地带——站坪。

1)航站楼

航站楼供旅客完成从地面到空中或从空中到地面转换交通方式用,是机场的主要建筑物,通常由下列五项设施组成:

① 连接地面交通的设施。有上、下汽车的车道边(航站楼前供车辆减速滑入、短暂停靠、起动滑出和驶离车道的地段及适当的路缘)及公共汽车站等。

② 办理各种手续的设施。有旅客办票、安排座位、托运行李的柜台以及安全检查和行李提取等设施。通航国际航线的航站楼还有海关、动植物检疫、卫生检疫、边防(移民)检查的柜台。

③ 连接飞行的设施。有靠近飞机机位的候机室或其他场所,视旅客登机方式而异的各种运送、登机设施,中转旅客办理手续、候机及活动场所等。

④ 航空公司营运和机场管理部门必要的办公室、设备等。

⑤ 服务设施。有餐厅、商店等。

为妥善处理航站楼与空侧的关系,人们曾提出过许多种航站楼水平布局方案。这些方案可归纳为以下四种基本型式。

① 线型。这是一种最简单的水平布局形式。航站楼空侧边不作任何变形,仍保持直线,飞机机头向内停靠在航站楼旁,旅客通过登机桥上下飞机,如图 1.25 所示。

② 指廊型。为了延展航站楼空侧的长度,指廊型布局从航站楼空侧边向外伸出若干个指形廊道。廊道两侧安排机位,如图 1.26 所示。

③ 卫星型。这种布局,是在航站楼主体空侧一定范围内,布置一座或多座卫星式建筑物,这些建筑物通过地下、地面或高架廊道与航站楼主体连接。卫星建筑物上设有机门位,飞机环绕在它的周围停放,如图 1.27 所示。

④ 转运车型。这种形式下,飞机不接近航站楼,而是远停在站坪上,通过接送旅客的转运车来建立航站楼与飞机之间的联系,如图 1.28 所示。有的转运车是可以升降的,这样靠近飞机后乘客即可直接登机,而无需动用舷梯车。

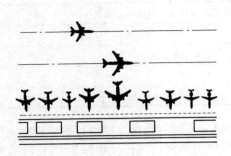

图 1.25 线型概念

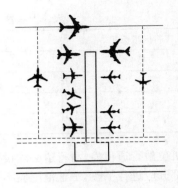

图 1.26 指廊型概念

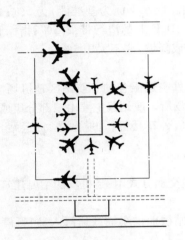

图 1.27 卫星型概念

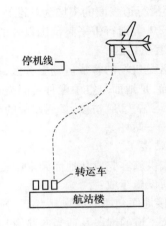

图 1.28 转运车型

2）航站楼机坪（站坪）

设在航站楼前的机坪称为站坪或客机坪,供客机停放、上下旅客、完成起飞前的准备和到达后各项作业用。

站坪平面尺寸与许多因素有关,主要有站坪的基本布局、飞机在航站楼前集结形式、旅客登机方式等;站坪机位数量;使用该站坪的飞机尺寸和转动半径。表 1.10 和图 1.29 示出了确定几种典型飞机机位面积需要的数据。

表 1.10 确定机坪面积用的飞机数据

机型	翼展/m	机身全长/m	前轮正常转动角	转动半径/m				
				至内主轮	至外主轮	至前轮	至翼尖	至机头
B747-200	59.64	70.51	50°	—	31.5	35.5	58.1	40.9
L1011	47.35	54.15	40°	19.9	30.9	33.2	50.2	39.6
A300	44.84	53.62	50°	10.9	20.5	24.4	38.8	29.8
B767-200	47.60	48.50	50°	11.0	21.9	26.0	41.1	29.3
B737-200	28.35	30.48	40°	8.4	14.0	16.1	25.8	19.1

为了保证航空安全和地面安全,机坪上对飞机之间、飞机与固定物之间等的间距有严格要求,具体见表 1.11。

26

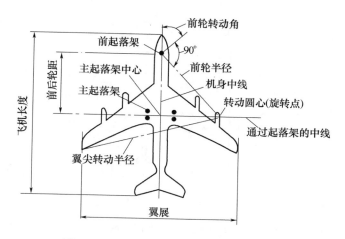

图 1.29　确定机位面积用的飞机主要尺寸

表 1.11　飞机在站坪上的最小净距

飞行区指标 II	F	E	D	C	B	A
机坪上停放的飞机与在主滑行道上滑行的飞机之间的净距/m	17.5	15	14.5	10.5	9.5	8.75
在机坪滑行通道上滑行的飞机与停放的飞机、建筑物之间的净距/m	10.5	10	10	6.5	4.5	4.5
机坪上停放的飞机与飞机以及邻近的建筑物之间的净距/m	7.5	7.5	7.5	4.5	3	3
停放的飞机主起落架外轮与机坪道面边缘的净距/m	4.5	4.5	4.5	4	2.25	1.5

　　考虑上述要求,可以定出站坪的平面尺寸。图 1.30 为 B747 – 400 前列式集结机头垂直向内停放的站坪宽度确定的原理。图 1.31 为 B747 – 400 指廊式集结机头垂直向内停放的站坪基本尺寸确定的原理。

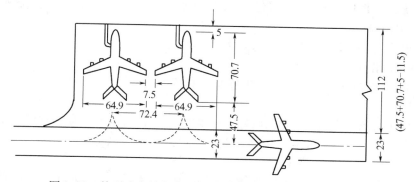

图 1.30　前列式集结机头垂直向内停放的站坪宽度(单位:m)

3）停车场所

停放车辆用,通常设在航站楼前。停放车辆不多时可采用停车场,停放车辆很多时宜用多层车库。

3. 机场其他组成部分

1）货运区

货运区供货物办理托运手续、装上飞机以及从飞机卸货、临时储存、交货等用。

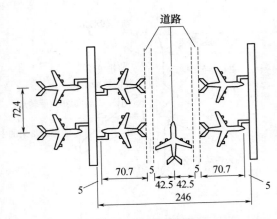

图 1.31　B747－400 指廊式集结机头垂直向内停放的站坪基本尺寸(单位:m)

货运区主要由业务楼、货运库、装卸场及停车场组成,货机来往较多的机场还设有货机坪。

2）机务维修设施

多数机场对飞机只承担航线飞行维护工作,即对飞机在过站、过夜或飞行前进行例行检查、保养和排除简单故障,其规模较小,只设一些车间和车库。有些机场设停机坪,供停航时间较长或过夜的飞机停放用。有的机场还设隔离坪,供专机或由于其他原因需要与正常活动场所相隔离的飞机停放用。

少数机场承担飞机结构、发动机、设备及附件等的修理和翻修工作,其规模较大,设有飞机库、修机坪、各种车间、车库和航材库等。

3）供油设施

供油设施供储油和加油用。大型机场设有储油库和使用油库。储油库储存大量油料,并有装卸油和各种配套设施,是机场的主要油库。小型机场只设一个油库。小型机场通常用罐式加油车加油,大型机场通常用机坪管线系统(加油井或加油栓)。

4）空中交通管制设施

空中交通管制设施有航管、通信、导航、气象等设施。

5）安全保卫设施

安全保卫设施主要有飞行区和站坪周边的围栏及巡逻道路。

6）救援和消防设施

救援和消防设施有消防站、消防供水设施、应急指挥中心及救援设施等。

7）行政办公区

行政办公区供机场当局、航空公司、联检等行政单位办公用,可能还有区管理局或省管理局等单位。

8）生活区

生活区供居住和各项生活活动用,主要有宿舍、食堂、澡堂、门诊所、俱乐部、商店、邮局、银行等。

9）生产辅助设施

生产辅助设施主要有宾馆、航空食品公司等。

10）后勤保障设施

后勤保障设施有场务队、车队、综合仓库及各种公用设施。

11）地面交通设施

地面交通设施有进出机场交通和场内交通两个系统。进出机场交通多数采用公路,有的机场采用铁路或地铁。

1.2.3　机场航空运输服务设备

于 2005 年 7 月 18 日中国民用航空总局局务会议通过,2005 年 8 月 14 日中国民用航空总局令第 150 号公布,自 2005 年 9 月 14 日起施行的《民用机场专用设备使用管理规定》附录中详细列出的航空运输服务设备主要包括:旅客摆渡车、旅客登机梯、残疾人登机车、旅客登机桥、航空食品车、航空垃圾接收车、移动式散装行李/货物装载机、行李牵引车、旅客行李处理系统、自行式航空集装单元装载机。

部分航空运输服务设备简介如下:

1. 旅客摆渡车

旅客摆渡车是运行于航站楼登机口与机坪停机位之间,安全、方便、快捷接送乘坐航空器旅客的地面设备(图 1.32)。

图 1.32　旅客摆渡车

2. 旅客登机梯

旅客登机梯,又称旅客客梯车,是供旅客上下飞机的自行式阶梯结构的特种车辆(图 1.33)。

3. 残疾人登机车

残疾人登机车主要为行动不方便的旅客上下飞机使用(图 1.34)。

图 1.33　旅客登机梯

图 1.34　残疾人登机车

4. 航空食品车

航空食品车是为飞机旅客配送航空食品的地面特种车辆(图 1.35)。

5. 航空垃圾接收车

航空垃圾接收车是盛放航空器上生活垃圾的专用车辆(图 1.36)。

图1.35 航空食品车

图1.36 航空垃圾接收车

6. 行李牵引车

行李牵引车,又称行李拖车,是用来将行李、邮件、货物等运送至停机位或行李、货物分拣区位的车辆(图1.37)。

图1.37 行李牵引车

1.3 思 考 题

1. 我国民航局关于飞机的类型是怎样划分的?
2. 飞机的机体由哪几部分组成?
3. 现代飞机为什么大多使用前三点式起落架?
4. 飞机座舱环境控制系统由哪几部分组成,每个部分的功能分别是什么?
5. 机场的组成部分有哪些?
6. 航站楼由哪些部分组成,其各自功能如何?
7. 简述机场航空运输服务设备的组成及功能。

第2章 民航主要机型及参数

2.1 我国民航机队规模

在过去的二十年间,中国航空运输业保持了年均15%的快速增长,2011年旅客周转量达到4540亿客公里,货邮周转量达到174亿吨千米,运输总周转量居于世界第二位。2011年底的机队规模达到1755架,其中客机1664架,货机91架。

2.1.1 我国主要航空公司

1. 中国南方航空股份有限公司

中国南方航空股份有限公司(以下简称南航)是中国南方航空集团公司下属的航空运输业公司,总部设在广州,下辖新疆、北方、北京、深圳、海南、黑龙江、吉林、大连、河南、湖北、湖南、广西、台湾、珠海直升机等14家分公司和厦门航空、汕头航空、贵州航空、珠海航空、重庆航空等5家控股子公司,在上海、西安设立基地,在成都、杭州、南京等地共设有18个国内营业部,在新加坡、东京、首尔、阿姆斯特丹、巴黎、洛杉矶、悉尼、拉各斯、纽约、伦敦、温哥华、迪拜、布里斯班等地设有53个国外办事处。

截至2011年10月底,南航经营包括波音B777、B747、B757、B737,空客A380、A330、A321、A320、A319、A300在内的客货运输机、直升机445架,机队规模跃居世界前六,形成了以广州、北京为中心枢纽,密集覆盖国内150多个通航点,全面辐射亚洲40多个通航点,链接欧美澳非洲的发达航线网络,航线数量660多条,每天有1500个~2000个航班穿梭于世界各地,每天投入市场的座位数可达20万个。通过与天合联盟成员密切合作,航线网络通达全球916个目的地,连接169个国家和地区,到达全球各主要城市。中国南方航空股份有限公司是中国运输飞机最多、航线网络最发达、年客运量最大的航空公司。

2. 中国国际航空股份有限公司

中国国际航空股份有限公司的前身为中国国际航空公司。2002年10月,中国国际航空公司联合中国航空总公司和中国西南航空公司,成立了中国航空集团公司,并以联合三方的航空运输资源为基础,组建新的中国国际航空公司。2004年9月30日,经国务院国有资产监督管理委员会批准,成立了中国国际航空股份有限公司(以下简称国航)。国航总部设在北京,辖有西南、浙江、重庆、内蒙古、天津等分公司和上海基地、华南基地,以及工程技术分公司、公务机分公司,控股北京飞机维修工程有限公司(Ameco)、中国国际货运航空有限公司、北京航空食品公司。国航还参股深圳航空公司、国泰航空公司等企业,是山东航空公司的最大股东,控股澳门航空有限公司。国航继续经略北京枢纽的同时,又着力强化成都为中心的西南、上海为中心的华东、广州为中心的华南等区域枢纽。

截至2011年10月底,国航拥有以波音和空中客车系列为主的各型飞机278架,2600多名飞行员。通航22个国家和地区,其中国际城市近40个,国内城市70多个,每周定期航班4160班。

3. 中国东方航空股份有限公司

中国东方航空集团公司(以下简称"东航集团")成立于2002年10月,总部设在上海。东航集团以原东方航空集团公司为主体,兼并中国西北航空公司、联合云南航空公司组建而成,是隶属国务院国有资产监督管理委员会管理的中央企业。东航集团旗下共有 20 家控股投资公司,经过几年来的调整优化和资源整合,基本形成以航空运输核心主业为支撑,以航空食品、进出口、金融期货、传媒广告、旅游票务、酒店管理、机场投资等业务为辅助的航空运输服务体系。

截至 2010 年 6 月,东航集团资产总额为 1018 亿元人民币,员工 6.4 万人,拥有运输飞机 338 架,通用航空飞机 18 架,通航点 152 个,国内外航线 570 条。

2.1.2 飞机使用情况

通常航空运输界对干、支线飞机是按照座位数来划分的。把座位数在 100 座以上的飞机称为干线飞机,100 座以下的飞机称为支线飞机。

1. 干线飞机

干线飞机细分为 150 座、250 座和 300 座及以上三个等级。其中 150 座级飞机主要应用于国内航线飞行,是目前各航空公司机队构成的主力机型;300 座及以上飞机主要应用于跨洋洲际航线飞行;250 座级飞机则可以根据需要,在客流量较大的国内航线和周边国家、地区的国际、地区航线上使用。

2. 支线飞机

支线飞机是指座位数载 100 座以下的各类飞机的总称。还可以细分为 90 座、70 座、50 座和 30 座四个座级。支线飞机飞行距离相对较短,具有较高的飞行灵活性、舒适性,能够满足不同用户对飞行的特殊要求。由于支线飞机体积较小,对机场各类地面设施的要求也较低,可以在设施比较简单的小型机场起降,因此,支线航空近年来在世界航空运输市场获得了较快发展。因此,其生产商数量相对于干线飞机就要多一些。

截至 2007 年底,国内机队飞机总量 1134 架,其中 120 座级以下飞机仅占 8%。而美国、欧洲各国 120 座级以下支线飞机的保有量分别占机队总量的 43% 和 36%。虽然目前我国支线航空运输的规模还很小,但由于我国支线航空市场的巨大发展潜力,近年来我国政府也陆续出台了一系列旨在加快发展支线航空的政策,在这些政策措施的推动下,我国支线航空运输事业将会有较大发展。

按照目前我国航空运输业的发展态势,虽然民航机队结构合理性比以前有了明显提高,干线飞机中大中型飞机的搭配比例基本符合我国航线的结构情况,支线飞机的所占比例还不到 10%,而国际主要航空公司支线飞机所占比例已经达到 30% 左右,因此,我国航空公司机队中支线飞机数量还需要大幅增加。

2.1.3 民航机队现状

1. 中国南方航空股份有限公司

至 2010 年 12 月底,飞机总数为 346 架,包括:

106 架 B737 系列(25 架 B737 – 300、31 架 B737 – 700、50 架 B737 – 800);

2 架 B747;17 架 B757;

15 架 B777 系列(4 架 B777 – 200、6 架 B777 – 200ER、5 架 B777F);

11 架 MD90;

4 架 A300;

163 架 A320 系列(41 架 A319、65 架 A320、57 架 A321);

17 架 A330/A340 系列(9 架 A330 – 200、8 架 A330 – 300);

5 架 ATR72;

6 架 ERJ145。

2. 中国国际航空股份有限公司

至 2010 年 12 月底,飞机总数为 270 架,包括:

122 架波音 B737 系列(29 架波音 B737 – 300、20 架波音 B737 – 700、73 架波音 B737 – 800);

18 架波音 B747 系列(4 架波音 B747 – 400、5 架波音 B747 – 400M、9 架波音 B747 – 400F);

14 架波音 B757/B767 系列(10 架波音 B757、4 架波音 B767);

10 架波音 B777;

72 架空客 A320 系列(33 架空客 A319、12 架空客 A320、27 架空客 A321);

29 架空客 A330/A340 系列(20 架空客 A330 – 200、3 架空客 A330 – 300、6 架空客 A340 – 300);

4 架公务机(含托管飞机)。

3. 中国东方航空股份有限公司

至 2010 年 12 月底,飞机总数为 261 架,包括:

7 架 A300;

130 架 A320 系列(15 架 A319、95 架 A320、20 架 A321);

30 架 A330/A340 系列(5 架 A330 – 200、15 架 A330 – 300、5 架 A340 – 300、5 架 A340 – 600);

76 架 B737 系列(16 架 B737 – 300、43 架 B737 – 700、17 架 B737 – 800);

3 架 B767;

5 架 CRJ200;

10 架 ERJ145。

2.2 波音系列机型

波音公司(The Boeing Company)是美国一家开发及生产飞机的公司,在全球航空业市场上拥有颇高的占有率,其总部设于芝加哥。先后发展了波音 727、波音 737、波音 747、波音 757、波音 767 等一系列型号,逐步确立了全球主要的商用飞机制造商的地位。其中,波音 737 是在全世界被广泛使用的中短程窄体民航客机,波音 747 一经问世就长期占据世界最大的远程宽体民航客机的头把交椅。

2.2.1 新一代波音 737

波音 737 系列飞机是一种中短程、双发喷气式、窄体客机。波音 737 主要针对中短程航线的需要,具有可靠、简捷,且极具运营和维护成本经济性的特点,但是它并不适合进行长途飞行。根据项目启动时间和技术先进程度分为传统型 B737 和新一代 B737(最初被称为 B737 NG,NG 是 Next Generation 的缩写)。

传统型 B737 包括 B737 – 100/200(由于机龄太老,中国民航已经没有这两种机型,其他国家也少见),B737 – 300/400/ – 500,共五种机型。传统型 B737 在 2000 年停止生产,共计生产了 3132 架。

新一代 B737 包括 B737 – 600/ – 700/ – 800/ – 900 四种型号(表 2.1),是第二代 B737(737 – 300/400/500)的改进型,很多系统都有所变化,更先进、更易于维护、故障率更低、更经济,其中 B737 – 700(简称 73G)是基本型,B736 是缩短型,B738 和 B739 是加长型,其中 B739 是 B737 各型号中最长的。

表 2.1 新一代波音 737 型飞机基本数据

	波音 737 – 600	波音 737 – 700	波音 737 – 800	波音 737 – 900
机长/m	31.2	33.6	39.5	42.1
机高/m	12.6	12.5	12.5	12.5
翼展/m	34.3	34.3(带小翼 35.7)	34.3(不带翼梢小翼 35.7)	34.3(不带翼梢小翼 35.7)
最大起飞重量/kg	65090	70080	79010	85130
最大航程/km	5648	6230	5665	5925
飞行马赫数	0.785	0.785	0.82	0.785
客舱内部宽度/m	3.53	3.53	3.53	3.53
客舱布局及座位数	典型两级客舱 110 座;典型单级客舱 132 座	典型两级客舱 126 座;典型单级客舱 149 座	典型两级客舱 162 座;典型单级客舱 189 座	典型两级客舱 189 座;典型单级客舱 215 座

（1）波音 737 – 300,简称 B733,如图 2.1 所示。

图 2.1　波音 737 – 300

（图片来源:http://travel. mangocity. com/images/plane/733. jpg）

其主要外形特征:
① 驾驶舱边上的窗形状,下沿并不水平,最边上的窗是个不规则的四边形。
② 机身短而细,尺寸与空中客车 A320 系列属于同一级别。
③ 主起落架为一排轮子。
④ 三个舱门。
⑤ 第一、二门之间的窗口分布为 11 + 5 形式。
⑥ 垂直尾翼有明显的曲折,除 B737 – 100 和 B737 – 200 以外,其他所有型号的 B737 都有这个特点,与其他机型圆弧形的过渡有明显区别。
⑦ 上下防撞灯(分别在机身上下的红色闪烁灯)不同时闪,这是 B733、B734、B735 的共同特点。新一代的 B737 上下防撞灯是同时闪,此外 A320、B757 等机型都是同时闪。
⑧ 翼尖的频闪灯一次闪一下,这是波音飞机的共同特点,空中客车飞机的频闪灯一次闪两下。
⑨ 发动机部分,尾喷最后是一个圆锥体。
（2）波音 737 – 400,简称 B734。主要外形特征:
① 舱门为四个。
② 与 B733 外形特征①、②、③、⑥、⑦、⑧、⑨相同。B733 和 B734 的区别只有长度和随之而变

化的舱门数量。

（3）波音 737 - 500,简称 B735。主要外形特征:

① 第一、二门之间的窗口分布为 8 + 5 形式。

② 与 B733 外形特征①、②、③、④、⑥、⑦、⑧、⑨相同。B733 和 B735 的区别只有长度和随之而变化的窗口分布。

（4）波音 737 - 600,简称 B736。主要外形特征:

① 对比起短小的机身,垂直尾翼很高,肉眼观察就比半个机身还要长。而实际上,机身最短的 B736,其垂直尾翼反而要比 B73G、B738、B739 都要高 1(约为 2.54cm)英寸。

② 第一、二门之间的窗口分布为 8 + 5 形式。

③ 与 B73G 外形特征①、③、④、⑤、⑥、⑧、⑨相同,它是 B73G 的缩短版。从肉眼上判断,B736 和 B73G 的主要区别就是机身长度和随之而变化的窗口分布。

（5）波音 737 - 700,简称 B73G,B737 - 700 是 B737NG 系列的基本型,如图 2.2 所示。

图 2.2　波音 737 - 700

（图片来源:http://travel. mangocity. com/images/plane/737. jpg）

其主要外形特征:

① 主起落架为一排轮子,而且轮子直径比老一代 B737 略大。

② 垂直尾翼比老一代 B737 要高,垂尾高度甚至差不多有半个机身那么长。

③ 大翼比老一代 B737 要长,面积要大。

④ 客舱第三个窗口的位置下面有反光的小铁片一块,而老一代 B737 则没有。

⑤ 唯一可选装的发动机为 CFM56 - 7,发动机尾喷最后部分较细。

⑥ 上下防撞灯(分别在机身上下的红色闪烁灯)同时闪,这点和老一代 B737 不同。

⑦ 第一、二门之间的窗口分布为 11 + 5 形式。

⑧ 三个舱门。

⑨ 与 B733 外形特征①、②、⑥、⑧相同。

此外还有带小翼的 B73G,除了加装小翼以外,其他部分的外形特征与普通 B73G 相同。

（6）波音 737 - 800,简称 B738。主要外形特征:

① 机身相对 B73G 来说要长。

② 四个舱门。

③ 第一、二门之间的窗口分布为 13 + 1 + 3 形式或者 14 + 1 + 3 形式。

④ 尾翼较 B734 要高。

⑤ 与 B73G 外形特征①、③、④、⑤、⑥、⑨相同,它是 B73G 的加长版。

此外还有带小翼的 B738,除了加装小翼以外,其他部分的外形特征与普通 738 相同。

（7）波音 737 - 900,简称 B739。主要外形特征：

① 第一、二门之间的窗口分布为 17 + 1 + 3 形式。

② 与 B738 外形特征①、②、④、⑤相同。

B738 和 B739 的主要外形区别就是机身长度和随之而变化的窗口分布,B739 是 B737NG 系列机身最长的一款。此外,有带小翼的 B739ER(延程型)。

2.2.2 波音 747

波音 747 飞机是一种远程、四发动机、宽体客机。1965 年 8 月开始研制,1969 年 2 月原型机试飞,1970 年 1 月首架 B747 交付给泛美航空公司投入航线运营,开创了宽体客机航线服务的新纪元。1990 年 5 月起,除 B747 - 400 和 B747 - 8 型外,其他型号均已停产。

在 2005 年 11 月 14 日,波音公司宣布将会开发 B747 - 8,宣称新飞机的设计,将会比以前更宁静、更环保和更具燃油效益。B747 - 8 项目包括 B747 - 8 客机和 B747 - 8 货机。驾驶舱和发动机技术与 B787 一样,而 B747 - 8 的名称亦因为采用 B787 梦想飞机的技术而一样有"8"字。

B747 - 8 客机身延长,由 232 英尺(70.8m)增加至 250.8 英尺(76.4m),意味着载客量将会随之增加,并取代 A340 - 600 成为世界上机身最长的飞机。B747 - 8 的客机型号是 B747 - 8(Intercontinental,洲际型),在三级舱布置下载客量达 467 人,航程超过 8000 海里(15000km),巡航马赫数达 0.855。

B747 - 8 货机机身则加长了 5.6m,载货能力达到 140t。2011 年 10 月卢森堡的 Cargolux 接收首架 B747 - 8F,投入商业运营,首架 B747 - 8 客机于 2012 年 5 月交付汉莎航空。

（1）波音 747 - 100 系列,波音 747 基本型。1969 年 2 月 9 日首飞,B747 - 100 系列共生产 205 架,1986 年停产,具体型号有：

B747 - 100:最初生产型号。

B747 - 100B:引入 200 型的设计方案,提高了商务载重,增加了航程。

B747 - 100F(Freighter):全货运型。

B747 - 100C(Convertible):客货可转换多用型,在左翼后部可选装一个大型侧壁货舱门,航空公司可以按不同的市场变化周期与包机要求调整内部配置,在全客机、客货混合、全货机之间转换。

B747SR(Short Range):为日本国内短航程高客流量航线设计,其中交付给日本航空的 747SR 对上层客舱进行了加长,外形上类似 B747 - 300 型,B747SR 共生产 24 架。

（2）波音 747 - 200 系列,也称为波音 747B。100 型的改进型,提高了商务载重,增加了航程,1971 年投入使用,B747 - 100 系列共生产 384 架,1990 年停产。具体型号有：

B747 - 200:标准全客型号。

B747 - 200B:增加起飞质量和航程。

B747 - 200C(Convertible):200 型的客货可转换型,可在全客机、客货混合、全货机之间任意转换,在标准型基础上增加了可开启的机鼻货舱门、此外左机身后侧选装大型货舱门。

B747 - 200M Combi:200 型的客货混合型,左机身后侧安装大型货舱门;可在全客机、客货混合之间进行转换。

B747 - 200F:200 型的全货运型,可载货 90t,是目前最常见的大型货机。

（3）波音 747 - 300 系列,200 型的改进型。1980 年 6 月 12 日,波音公司正式发起 B747SUD(Stretched Upper Deck 加长上层机舱)项目,而后型号又更改为 B747EUD(Extended Upper Deck 延长上层机舱),应客户要求,也为个别 B747 - 100/200 型进行延长上层舱的改装。1982 年 10 月 5日,B747EUD 首飞时正式定名为 B747 - 300,300 型在 200 型的基础上将上层客舱加长 7.11m,并增设一舱门,1983 年 4 月开始交付使用。瑞士航空公司是首家用户,B747 - 300 系列共生产 81 架,

1990 年停产。具体型号有:

B747 – 300:标准全客型号。

B747 – 300SR:为日本国内短航程高客流量航线设计,增加了载客量。

B747 – 300 Combi:300 型的客货混合型,可在全客机、客货混合之间进行转换。

(4)波音 747 – 400 系列,在 300 型的基础上进行了较大的改进,属于第二代 B747。在 1985 年正式启动 B747 – 400 计划,安装了新型电子仪表设备,只需两位飞行员驾驶,数字化驾驶舱配备了 6 台大型 CRT 显示屏取代了传统的仪表盘。外形上翼尖处加装翼梢小翼,减少阻力,可增大航程 3%,翼梢小翼也是其外形上与 300 型的一个明显区别。使用先进铝合金,使机翼和起落架共减重 3.5t,在水平安定面增设油箱。1988 年 4 月 29 日首飞,1989 年 2 月 9 日交付美国西北航空公司投入使用。B747 – 400 系列是 747 系列中最受欢迎的型号,是 1990 年 5 月后唯一生产的 B747 型号。

图 2.3 所示为波音 747 – 400ER(Extended Range,延程型)。

图 2.3　波音 747 – 400ER(延程型)

(图片来源:http://www.xmyzl.com/showart.asp? cat_id = &art_id = 38)

B747 – 400:最常见的标准型号。

B747 – 400D(Domestic):400 型的高客容量型,客舱可载客 568 名,此机型是特别为日本国内航线设计。该型机没有一般 400 型都有的翼梢小翼,上层客舱每侧各增加 5 个舷窗。1991 年 10 月获适航证书,共交付 19 架。

B747 – 400 Combi:400 型的客货混合型,可在全客机、客货混合之间进行转换。

B747 – 400F:400 型的全货机型,缩短了上层客舱,与 B747 – 200F 类似。

截至 2012 年 5 月底,中国大陆地区的航空公司共运营着 41 架波音 747 系列。其中中国国际航空公司 20 架,B747 – 400C 型 5 架,B747 – 400 型 4 架,B747 – 400F 型 11 架;中国货运航空、翡翠航空、扬子江快运、中国南方航空、银河航空共拥有 18 架 B747 – 400F 型货机。此外,友和道通航空拥有 3 架波音 747 – 200F 型货机。

2.2.3　波音 757

波音 757 飞机(图 2.4),简称 B757,是波音公司生产的双发(动机)窄体中远程运输机。

在 20 世纪 70 年代中期,波音决定研制 200 座级新机型以取代 B727,最初定名为 B7N7(N:窄体)。在获得英国航空和美国东方航空的 40 架启动订单后,波音公司在 1979 年 3 月正式启动了 B7N7 研制计划,在 B727 的基础上采用了新机翼和先进发动机,通过降低油耗、减轻机体重量来降低使用成本。1979 年末,B7N7 正式更名为 B757。在研制初期,波音发现与同期研制的 B767 相似,波音决定修改部分设计,使 B757、B767 这两种新机型在设计、制造和操作方面具有互换性。

1982 年 2 月 19 日 B757 首飞,同年 12 月取得适航证,1983 年 1 月投入航线运营。1986 年 12 月获准双发延程飞行。波音公司于 1996 年 9 月启动了 B757 - 300 的新项目,在 B757 - 200 的基础上加长机身,1998 年 9 月 2 日首飞。首家用户是德国专营包机业务的康多尔(Condor)航空公司。

由于市场需求日益减少,同时面临来自空中客车公司的竞争,2003 年 10 月 16 日,波音公司正式宣布,于 2004 年停止生产 B757 飞机。波音也表示,新一代 B737 系列、未来的 B7E7(现更名为 B787)可以涵盖到 B757 这款 200 座级客机的市场。生产线上最后 7 架 B757 于 2004 年到 2005 年初交付中国的上海航空和厦门航空。2004 年 10 月 28 日最后一架 B757 出厂,B757 正式停产,波音总共生产 1050 架 B757。

(1)波音 757 - 200 系列,简称 B752。主要机型:

B757 - 200:基本型,1982 年 1 月 13 日出厂,同年 2 月 19 日首飞,最初安装的是罗尔斯—罗伊斯公司 RB211 发动机,使用普拉特—惠特尼公司 PW2000 系列的 B757 - 200 型于 1984 年 3 月 14 日首飞,启动用户是美国达美航空公司。

B757 - 200ER:B757 - 200 基本型的加大航程型。

B757 - 200PF:全货运型,1985 年美国联合包裹公司(UPS)订购后,开始制造,1987 年 9 月开始交付使用。

B757 - 200M:客货混合型,保留了标准客舱和客舱其他设备,货舱与 B757 - 200PF 相同,目前仅生产 1 架于 1988 年交付尼泊尔航空公司使用。

其主要外形特征:

① 机身瘦长,离地较高,给人一种高脚的感觉,特别是前起落架很长。

② 主起落架为两排轮子。

③ 舱门为四个。

④ 机尾部分,上部轮廓线不水平,垂直尾翼与机身连接处圆弧半径较小,这两点与空客的飞机有较明显区别。

⑤ 与 B733 外形特征①、⑧相同。

图 2.4　波音 757 - 200/300

(图片来源:http://www.xmyzl.com/showart.asp?cat_id = 4&art_id = 40)

(2)波音 757 - 300 型,简称 B753。波音 757 - 300 是 B757 - 200 的加长型,项目启动于 1996 年 9 月 2 日,机身比 200 型加长 7.1m,载客量增加 20%,货运空间增加 50%,其运力介于 B757 - 200、B767 - 300 之间。为了适应增加的质量,对机翼、起落架和机身都进行了加强。同时,该型飞机安装了增强型近地警告系统(EGPWS)等先进的新型电子设备。

B757 – 300 是目前单走道双发客机中最长的,机身长达 54.5m。为此还加装了可收放的尾撬,机组可通过机身触地显示器知道机尾是否触地。首架 B757 – 300 已于 1999 年 3 月交付给德国康多尔包机航空公司。

其主要外形特征:

① 机身非常细长,号称最长的单通道飞机,机身离地较高。

② 六个舱门。

③ 与 B752 外形特征②、④、⑤相同。

中国大陆地区民航从 1987 年开始引进波音 757 – 200 型客机,截至 2012 年 5 月底,共有 6 家航空公司运营着 47 架 B757 – 200 飞机,其中中国南方航空 15 架,中国国际航空公司 8 架,原上海航空(已并入东方航空)10 架,厦门航空 6 架,顺丰航空 5 架,中国货运航空 2 架。

2.2.4 波音 767

B767 飞机(图2.5)是波音公司生产的双发(动机)半宽体中远程运输机。主要是用来争夺 20 世纪 80 年代 B707、DC8、B727 等 200 座机中远程客机由于退役而形成的市场。1972 年提出计划,与意大利、日本方面合作生产三发远程飞机,最初定名为 7X7,不过该计划没有实现,随后在经过方案论证和市场调查后,波音公司于 1978 年 2 月宣布发起 B767 研制计划,同年 7 月,获得美国联合航空公司 30 架 B767 的确认订单后,开始全面设计研制工作,联合航空公司代表参与了设计全过程,以便更好地满足用户的要求。

B767 系列包括三种基本型号:B767 – 200、B767 – 300 和 B767 – 400,区别主要在机身长度上,每种基本型号都对应着一种延程型,在 B767 – 300ER 基础上还研制生产了货运机型。此外,波音 767 在双发延程飞行(ETOPS)表现突出。1985 年 5 月,美国联邦航空局(FAA)批准,波音 767 在远程飞行中距离备降机场最多可达 120min 飞行时间即 120minETOPS。1989 年 3 月,又被 FAA 批准 180minETOPS。这样,B767 就可以执飞更多的从美国出发的跨太平洋和跨大西洋航线。

(1)波音 767 – 200,基本型。1981 年 9 月 26 日首飞,1982 年 8 月 19 日正式交付美国联合航空投入运营。

其主要外形特征:

① 机身粗而短,肚子较圆,离地不高。

② 三个舱门,也有四舱门版的。

③ 驾驶舱窗上部的弧线较短,这是与 B777 的重要区别。

④ 与 B752 外形特征②、④、⑤相同。

(2)波音 767 – 200ER,200 型的加大航程型,在 B767 – 200 型的基础上增加了载油量和最大起飞质量,1984 年 3 月 6 日首飞,随后交付埃塞俄比亚航空公司投入运营。

(3)波音 767 – 300,200 型的加长型,日本航空公司是启动用户,于 1983 年 9 月开始研制生产。这种机型比波音 767 – 200 加长了 6.43m,载客能力增加了 20%,货舱容积也增加了 31%。加强了机身中段和起落架,1986 年 1 月 30 日首飞,1986 年 9 月开始交付使用。

其主要外形特征:

① 机身较粗,比 B762 长,肚子较圆,离地不高。

② 舱门为四个,而且四门分布较均匀。

③ 第一、二门之间有 13 个窗口。

④ 与 762 外形特征③、④相同。

(4)波音 767 – 300ER,300 型的加大航程型。在 200 型基础上增加了中央翼油箱,提高了最大

图 2.5　波音 767 系列

（图片来源：http://www.xmyzl.com/showart.asp? art_id=41）

起飞重量，增加了航程，1988 年开始投入使用。

（5）波音 767-300F，货机型，1993 年美国联合包裹公司（UPS）订购 60 架启动了该型号的研制生产。该型号主舱货柜容量为 336.5m³，底层货舱为 117.5m³。在满载 50t 货物的时候可飞行 6000km。1995 年 6 月首飞，同年 10 月交付美国联合包裹公司投入运营。

（6）波音 767-400（ER），在 300 型基础上机身加长 6.4m，气动方面作了改进，增大了翼展和最大起飞质量，并采用了全新的主起落架。首架于 1999 年 8 月 26 日出厂，2000 年 5 月投入使用。

主要外形特征：

① 机身粗而较长，肚子较圆，离地不高。

② 第一、二门之间有 18 个窗口。

③ 与 B763 外形特征②、④相同。

2.2.5　波音 777

B777（图 2.6）是美国波音公司研制生产的双发宽体客机。1990 年 10 月 29 日正式启动研制计划，1994 年 6 月 12 日第 1 架波音 777 首次试飞，1995 年 4 月 19 日获得欧洲联合适航证和美国联邦航空局型号合格证，1995 年 5 月 30 日获准 180 分钟双发延程飞行，1995 年 5 月 17 日首架交付用户美国联合航空。

B777 最明显的识别标志之一就是它的三轴六轮主起落架系统，这种结构既有效地分散了路面载荷又使飞机有不超过三个起落架支柱。

B777 驾驶舱采用了最新技术的平面液晶显示系统、数字驾驶舱技术。保留了驾驶盘而没有采用侧向操纵杆。B777 的数字驾驶舱技术已经在 B757、B767 和 B747-400 飞机上得以验证，许多过去由驾驶员手动的操纵过程现在都可自动完成，减少了驾驶员的工作负荷。灵活的电传操纵系统具有驾驶员友好界面，既降低质量，又比传统的机械操纵减少了维护工作量。另外，驾驶舱无论从外部还是从内部来看，飞控系统都是标准的，不同点在于飞行控制都是电子操纵的，这在波音商用飞机上还是首次。

B777 在大小和航程上介于 B767-300 和 B747-400 之间，具有座舱布局灵活、航程范围大和不同型号能满足不断变化的市场需求的特点。B777 完成了航空史上最复杂的飞行试验项目，一共有 10 架 B777 参加了其中的飞行试验。主要机型有：

（1）波音 777-200，简称 B772，基本型，最初称为 B777-200A 或 A 市场型。1994 年 6 月 12 日首飞，1995 年 17 日交付首位用户美国联合航空。

其主要外形特征：

① 机身粗而长。

② 舱门为四个。

③ 主起落架为三排轮子。

④ 机尾呈长条形，像一把刀。

⑤ 驾驶舱窗上面的弧线较长，也就是说驾驶舱窗对比起粗大的机身，显得较小。

⑥ 与 B752 外形特征④、⑤相同。

图 2.6　波音 777

（图片来源：http://www.xmyzl.com/showart.asp? art_id = 42）

（2）波音 B777 - 200ER,200 型的加大航程型，最初又称为 B777 - 200B 或 B 市场型。1998 年前称为 B777 - 200IGW(Increased Gross Weight 增加总重型)，在基本型基础上通过改变内部结构增加了起飞总重和载油量，使其最大燃油航程可达 14000km。

（3）波音 777 - 200LR,波音 777 系列最新的成员。2000 年 2 月波音正式发起该项目，是目前世界上航程最远的民航客机，航程可达 16417km,连续飞行 18h。在波音 777 基本型基础上，对机翼加装了 2m 长的斜削式翼尖，提高了机翼的整体性能并降低油耗，增加了起飞总重和载油量，改用推力更大的 GE90 - 110B 发动机。2005 年 3 月 8 日首飞，2006 年 2 月底交付首位用户巴基斯坦国际航空公司。

（4）波音 777 - 300,简称 B773,200 型的加长型，是世界上最长的双发喷气客机，比 200 型加长 10m,比 B747 - 400 型还长 3.2m。航程可以达到 11000km。B777 - 300 的载客量与 B747 - 100/200 相同，耗油量减少 1/3,维护费用降低 40%。这可以满足要更换 B747 早期型号的客户的需求。

B777 - 300 还是最早把摄像机作为标准设备的飞机，在商用飞机中有最大的轮距，摄像机可以让飞机的驾驶员看到机轮滑行情况，以提高机动性。

1997 年 10 月 16 日，B777 - 300 首飞飞机装罗尔斯—罗伊斯公司的瑞达 892 发动机，可供用户选用的发动机还有普惠公司的 PW4090 和 PW4098。1998 年 5 月 4 日 B777 - 300 获得 FAA,JAA 适航证和 180 分钟的双发延程飞行许可证，在同一天得到这三个许可证也是商用客机取证史上的第一次。1998 年 5 月 29 日，首架 B777 - 300 交付国泰航空公司使用。主要外形特征：

① 五个舱门。

② 与 B772 外形特征①、③、④、⑤、⑥相同。B772 和 B773 的主要外形区别就是长度和随之而变化的舱门数量。

波音 777 - 300ER,300 型的加大航程型，满足更换 B747 - 400 型的需求。于 2000 年 2 月开始研制，同 B777 - 200LR 一样也加装了 2m 长的斜削式翼尖，提高了机翼的整体性能并降低油耗，装备了目前世界上推力最大的商用飞机发动机——GE90 - 115B。2003 年 2 月 24 日首飞，2004 年 5

月交付法国航空公司开始投入运营。

波音 777F,2005 年 5 月 24 日,波音正式启动 B777 货机计划。这一机型是在 B777 - 200LR 基础上进行设计,2009 年 2 月交付给法国航空公司投入运营。

表 2.2 所列为波音 777 系列基本技术参数。

表 2.2　波音 777 系列基本技术参数

项　目	B777 - 200	B777 - 200ER	B777 - 300	B777 - 300ER	B777 - 200LR	B777F
翼展/m	60.93			64.8		
机长/m	63.73		73.86		63.73	
机高/m	18.5					
标准三级客舱布局载客/人	305		368	370	301	—
标准全经济舱布局载客/人	440		550	—	—	—
典型空机重/t	135.6	138.1	160.5	167.8	145.2	144.4
最大起飞总重/t	242	287	299	351.5	347.8	347.8
商载/t	54.9	56.9	64	69.9	64	64
最大航程/km	9537	14316	10595	13427	16417	
最大可用燃油重量/t	94.2	137.5	135.9	145.5	145.5	145.5
动力装置	两台涡扇发动机					
发动机型号	普惠公司 PW4000 - 112 系列; 通用电气公司 GE90 系列; 罗尔斯—罗伊斯公司瑞达 800 系列;			通用电气公司 GE90 - 115 系列;		
典型发动机推力/1b[①]	77000	90000	92000	115300	110000	110000

截至 2008 年 7 月底,中国共有南方、国际、国泰、长荣四家航空公司运营着 56 架 B777 系列飞机。已确认引进的尚未交付的还有 53 架。中国大陆地区民航运营着 B777 系列飞机 38 架。中国南方航空在 1996 年 1 月开始接收 B777,目前运营着 16 架 B777,其中包括 4 架 B777 - 200,6 架 B777 - 200ER,6 架 B777F;中国国际航空目前运营着 10 架 B777 - 200,6 架 B777 - 300ER;中国货运航空目前运营着 6 架 B777F。

2.2.6　波音 787——梦想飞机(Dreamliner)

波音 787 梦想飞机(图 2.7)是波音民用飞机集团正在研制生产中的中型双发(动机)宽体中远程运输机,是波音公司 1990 年启动波音 777 计划后 14 年来推出的首款全新机型。2004 年 4 月,随着全日空确认订购 50 架波音 787 飞机,该项目正式启动。

在研制 B787 上,波音公司使用了"音速巡航者"所提出的技术以及机体设计,并决定在 B787 的主体结构(包括机翼和机身)上大量采用先进的复合材料。这将使 B787 成为有史以来第一款在主体结构上采用先进复合材料的民用飞机。重量比例将达到空前的 50%,此前这个比例只有20%。发动机方面,B787 可选装通用电气 GE GENX 系列或罗尔斯—罗伊斯瑞达 1000 系列。B787

---

①　1b 约为 0.4536kg。

图 2.7　波音 777

（图片来源：http://www.xmyzl.com/showart.asp? art_id＝44）

为飞机配备标准的发动机接口界面,使 B787 飞机能够随时配备任一制造商的发动机,不存在不兼容的问题。此外 B787 还将用电子设备取代过去 60 年来喷气机采用的标准配置——引气系统,波音表示这样的创新设计将有效提高发动机效率。

由于采用了大量复合材料降低了飞机重量,同时采用新型的发动机和创新的流线型机翼设计,这些将使 B787 比目前同类飞机节省 20% 的燃油消耗,此外 B787 除了让中型飞机尺寸与大型飞机航程实现结合,也将以 0.85 倍声速飞行,这与当代速度最快的民用飞机 B747 速度是相同的,这也使其点对点远程不经停直飞能力得以更好的体现。

在乘坐舒适性方面,B787 将增大客舱湿度,还将降低其客舱气压高度,这样客舱环境更湿润,乘客会感到更舒适。机上娱乐、因特网接入将更为完善,机身截面形状采用双圆弧形,顶部空间也进行了优化设计,可为乘客提供更宽敞的空间。

（1）B787 - 8,B787 的基本型号,采用标准三级客舱布局,可载客 228 人,航程高达 15200km,于 2009 年 12 月 15 日首飞,2011 年 9 月 25 日正式交付启动用户全日空。10 月 26 日,开始投入商业飞行。

（2）B787 - 3,主要针对高密度短程航线设计,机翼重新进行优化以利于短航程飞行,采用两级客舱布局可载客 289 人,航程 6500km,由于日本航空及全日空先后取消或置换订单,该项目于 2010 年 2 月正式宣布取消。

（3）B787 - 9,B787 - 8 的加长型,机身加长了 6m,采用标准三级客舱布局,可载客 257 人,由于 B787 - 3、B787 - 8 生产计划已排满的原因,目前尚没有确认的 B787 - 9 订单。

波音 787 系列基本技术参数见表 2.3。

表 2.3　B787 系列基本技术参数

项目	B787 - 3	B787 - 8	B787 - 9
翼展/m	50.3 ~ 51.8	58.8	58.8
机长/m	55.5	55.5	61.6
机高/m		16.5	
巡航速度（马赫）		0.85	
标准客舱布局载客/人	289	217	257
最大起飞总重/t	163	218	226.8
航程/km	6500	15700	15400
发动机型号	两台涡扇发动机可选装罗尔斯—罗伊斯瑞达 1000 系列或通用电气公司 GE GENX 系列		

截至 2011 年 8 月,波音公司已经获得了全球 56 家航空公司的 821 架 B787 的订单。

2.3　空中客车系列机型

空中客车工业集团(Airbus)由欧洲四家主要航太公司组成,分别是同样持有37.9%股份的德国戴姆勒—克莱斯勒(DaimlerChrysler)航太和法国航太公司,持有20%股份的英国航太公司,以及持有4.2%股份的西班牙CASA公司,这四个合作伙伴扮演着股东及制造生产者的双重角色,并在空中客车工业集团的管理及协调下,执行大部分的设计和所有飞机的制造工作。

空中客车工业集团的飞机家族系列,包括三种不同机型:①107人座~185人座的A318/A319/A320/A321单走道客机;②220人座~266人座的A300/A310广体客机;③263人座~400人座的A330/A340广体客机。这些现代化、经济效益好的民航客机,涵盖了短/中程到超长程飞行距离。

2.3.1　空中客车300/310系列

空中客车300系列是第一种只需两位飞行员驾驶的双发宽体客机。空中客车310系列是第一种采用电子飞行仪表与驾驶舱中央电子飞行监视器的客机,同时使用电子信号,取代以往由钢索操作的控制面,其基本技术参数如表2.4所列。

图2.8　空中客车300

(图片来源:http://www.xmyzl.com/showart.asp? art_id=24)

表2.4　空中客车300/310系列基本技术参数

项　目	A300－600	A310－300
翼展/m	44.84	43.89
机长/m	54.1	46.66
全经济布局载客/人	298	—
典型两级客舱布局/人	266	220
空机重/t	90.1	80.8
最大商载/t	39.9	26.7
最大起飞总重/t	165	150
最大燃油量/l	62000	61070
最大可用燃油/t	49.8	49.8
最大载重航程/km	7500	9600
动力装置	两台涡扇发动机	
可选发动机型号	通用电气公司 CF6－80系列 CF6－80C2A1;普拉特—惠特尼公司4000系列 PW4156	通用电气公司 CF6－80系列 CF6－80C2A2;普拉特—惠特尼公司4000系列 PW4152 或 PW4156A

空中客车 310 – 300 的主要外形特征:

① 机身短而粗。

② 三个舱门。

③ 主起落架是两排轮子。

④ 驾驶舱最边上的窗为五边形。

⑤ 机尾部分,上部轮廓线较为水平,垂直尾翼的圆弧半径较大(较接近直线)。

空中客车 300 – 600(俗称 AB6)的主要外形特征:

① 形状和 A310 差不多,但比 A310 长。

② 舱门为四个。

③ 带有小翼(小翼尺寸比所有客机的小翼都要小很多),注意其特别的形状。

④ 和 A310 的外形特征③、④、⑤相同。

2.3.2 空中客车 320 系列

A320 系列是空中客车公司研制生产的双发中短程 150 座级运输机。空中客车公司在其研制的 A300/310 宽体客机获得市场肯定,打破美国垄断客机市场的局面后,决定研制与波音 737 系列和麦道 MD80 系列进行竞争的机型,在 1982 年 3 月正式启动 A320 项目,1987 年 2 月 22 日首飞,1988 年 3 月开始投入商业运营。

A320 系列在设计中采用"以新制胜"的方针,大胆采用先进的设计和生产技术、新的结构材料以及先进的数字式机载电子设备,是世界上第一种采用电传操纵系统的亚声速民航运输机,代替了过去主要靠机械装置传输飞行员指令来控制飞机的姿态和动作。同时采用侧置的操纵杆代替传统驾驶盘。在 A310 机翼的基础上又进行了改进,双水泡形机身截面大大提高了货舱中装运行李和集装箱的能力。客舱舒适而宽敞,是当前最受欢迎的 150 座级的中短程客机。A320 系列是一种真正的创新的飞机,为单过道飞机建立了一个新的标准。

A320 系列包括 150 座的 A320、186 座的 A321、124 座的 A319 和 107 座的 A318 四种基本型号,具体技术参数如表 2.5 所列。这四种型号的飞机拥有相同的基本座舱配置,飞行员只要接受相同的飞行训练,就可驾驶以上四种不同的客机。同时这种共通性设计也降低了维修的成本及备用航材的库存,大大增强航空公司的灵活性,深受用户的欢迎。

表 2.5 A320 系列基本技术参数

项 目	A320 – 200	A321 – 100	A319	A318
翼展/m	34.09			
机长/m	37.57	44.51	33.84	31.44
机高/m	11.76			
标准两级客舱布局载客/人	150	186	124	107
货舱容积/m³	37.42	51.76	27.64	21.21
商载/t	16.3	21.6	12.9	11.1
空机重/t	41	47.7	40.1	38.4
最大油箱容量/L	23860			
最大起飞总重/t	73.5	83	64	59
最大巡航速度(马赫)	0.82			
典型航程/km	5500	4350	6850	5950

项　目	A320 – 200	A321 – 100	A319	A318
动力装置	两台涡扇发动机			
发动机型号	CFM 公司 CFM56 – 5 系列			
	IAE 公司 V2500 系列		普拉特—惠特尼 PW6000	

（1）空中客车 318，是 A320 系列机身最短的一种型号，主要外形特征：

① 机身短而细。

② 三个舱门。

③ 主起落架为一排轮子。

④ 驾驶舱最边上的窗为五边形。

⑤ 翼尖有小翼。

⑥ 第一、二门之间的窗口为 6 + 4 + 1 形式。

⑦ 最大载客，107 人；最大航程，5950km。

图 2.9　空中客车 320 系列

（图片来源：http：//www. xmyzl. com/showart. asp？art_id = 28）

图 2.10　空中客车 320 系列驾驶舱

（图片来源：http：//www. xmyzl. com/type/photo/a320cc. jpg）

（2）A319，与 A318 外形基本一致，唯一的区别就是机身长度及随之而变化的窗口分布。主要外形特征：

① 机身短而细,但比 A318 稍长。

② 第一、二门之间的窗口为 12 + 1 形式。

③ 与 A318 的外形特征②、③、④、⑤相同。

④ 最大载客,124 人;最大航程,6850km。

(3) A320,与 A319 的外形基本相同,就是长度和舱门布置不同。而从外形判断,长度很难把握,主要区别是舱门。主要外形特征:

① 机身短而细,但比 A319 稍长。

② 舱门为四个,中间两门是紧挨着的。

③ 与 A318 的外形特征③、④、⑤相同。

④ 最大载客,180 人;最大航程,5500km。

(4) A321,与 A320 主要区别是长度和舱门分布。主要外形特征:

① 机身细但比较长,是 A320 系列机身最长的一种机型,较长的机身显得垂直尾翼较矮。

② 舱门为四个,分布比较平均。

③ 与 A318 的外形特征③、④、⑤相同。

④ 最大载客,200 人;最大航程,4350km。

1995 年,四川航空率先引进空中客车工业公司 320 客机,截至 2006 年 3 月底,中国大陆地区航空公司拥有 A320 系列飞机 213 架(不含湿租运营)。在 2005 年 12 月 5 日,中国民航签署了订购 150 架 A320 系列飞机的框架协议。

2.3.3　空中客车 330/340 系列

空中客车 330/340 系列(图 2.11)是双过道宽机身中远程客机。除了发动机的数量和与发动机相关的系统不同外,这两种机型有很大的共同性,它们有 85% 的零部件可以互相通用,采用同样的机身,只是长度不同,驾驶舱、机翼、尾翼、起落架及各种系统都相同,降低了研制费用。这两种机型保留了 A300/A310 机型的高效率机身截面设计,采用了与 A320 系列通用的机头、驾驶舱和电传操纵设计。1991 年 10 月 25 日,第一个型号四发远程客机 A340 - 300 率先首飞,并于 1993 年 2 月投入运营。在 1992 年 11 月,双发中远程客机 A330 系列的第一个型号 A330 - 300 首飞。

图 2.11　空中客车 330/340 系列

(图片来源:http://www.xmyzl.com/showart.asp? art_id = 37)

目前,空中客车 330/340 系列投入运营的包括双发中远程客机 A330 - 200/300、四发远程客机 A340 - 200/300/500/600 六种基本型号。这六种型号的飞机采用空中客车传统的共通性设计,驾驶舱配置布局几乎相同,飞行员只要接受相同的飞行训练,就可驾驶以上六种不同的客机。经过短时间的培训,飞行员也很容易从 A330/340 系列改飞较小的 A320 系列飞机和大型的 A380 飞机。

A330 共有两个型号,分别为 A330 - 300 和 A330 - 200。前者的机身全长 63.6m,后者全长 59.0m。在续航距离方面,分别为 10500km(5650 海里)及 12500km(6750 海里)。

(1) 空中客车 330 - 200,简称 A33。主要外形特征:

① 机身长而粗。

② 舱门为四个。

③ 主起落架为两排轮子。

④ 驾驶舱最边上的窗为五边形。

⑤ 机翼很修长,翼尖有小翼。

⑥ 机翼与机身连接处有很大一块的机翼盒,这个机翼盒在 A320 系列及 A340 系列均存在,这也是 A330 与 AB6 的重要区别之一。

⑦ 机尾部分,上部轮廓线较为水平。空客系列的机型均有此特点,这也是与 B757、B767,甚至 B777 的重要区别之一。

⑧ 第一、二门之间最多有 12 个窗口。

⑨ 最大载客 293 人;最大航程 11850km。

(2) 空中客车 330 - 300,简称 A333。主要外形特征:

① 第一、二门之间最多有 17 个窗口。

② 与 A330 - 200 的外形特征①、②、③、④、⑤、⑥、⑦相同。也就是说,A332 和 A333 的区别就只是长度和随之而变化的窗口分布。

③ 最大载客 335 人;最大航程 10400km

最初,空中客车公司决定在 A300 基础上设计的远程客机,进行了较多的改动,同时考虑到越洋飞机的可靠性,决定安装四台发动机,初定名 A300B11,后定名为 TA11,TA 即双通道的英文缩写,1987 年 6 月,正式宣布启动研制计划,改名为 A340,此时,只保留了 A300 的机身设计,其他方面更多是采用 A320 客机先进的电传操纵、数字电子飞行控制设计。

由于最初研制的 A340 - 200/300 在设计和销售方面并不理想,在 1997 年 12 月,空中客车公司发起了 A340 - 500 和 A340 - 600 项目,采用新型发动机,加长机身,增加载客量和航程。空中客车公司希望通过这两个型号真正进入远程宽体客机市场,与波音 747 开展竞争,空中客车 330/340 系列基本技术参数如表 2.6 所列。

表 2.6 空中客车 330/340 系列基本技术参数

项　目	A330 - 200	A330 - 300	A340 - 200	A340 - 300	A340 - 500	A340 - 600
翼展/m	60.3				63.5	
机长/m	59	63.6	59	63.6	67.9	75.3
机高/m	17.9		16.7		17.1	17.3
标准两级客舱布局载客/人	293	335	239	295	313	380
货舱容积/m³	136	162.8	100.2	162.8	153.6	207.9
空机重/t	120.5	124.5	129	129	170	177
商载/t	36.4	45.9	30.8	43.5	43.3	55.6
最大油箱容量/L	139090	97530	141500	155040	214810	194880

项　目	A330－200	A330－300	A340－200	A340－300	A340－500	A340－600
最大起飞总重/t	230		275		365	
最大巡航速度						
航程/km	11850	10400	14850	13250	16050	13900
动力装置	两台涡扇发送机		四台涡扇发动机			
发动机型号	普拉特—惠特尼公司 PW4000 系列；罗尔斯—罗伊斯瑞达 700 系列；通用电气公司 CF6 －80 系列		CFM 公司 CFM56－5 系列		罗尔斯—罗伊斯公司瑞达 500 系列	

（3）空中客车 340－200，主要外形特征：

① 发动机为四个，而且发动机直径小而外壳长。

② 主起落架除了像 A330 那样有两排轮子外，机腹中间有一排两个轮子。

③ 第三、四门之间最多有 21 个窗口。

④ 与 A332 外形特征①、②、④、⑤、⑥、⑦相同，A342 是 A340 系列机身最短的一款机型。

⑤ 最大载客 239 人；最大航程 14850km。

（4）空中客车 340－300，简称 A343。主要外形特征：

① 第三、四门之间最多有 25 个窗口。

② 与 A342 外形特征①、②、④相同。A342 和 A343 之间的唯一区别就是长度和随之而变化的窗口布置。

③ 最大载客 295 人；最大航程 13250km。

（5）空中客车 340－500，简称 A345。主要外形特征：

① 发动机为四个，直径明显比 A342/A342 的要大，而且外壳较短，外壳后可看到锥形的尾喷。

② 主起落架，机腹中间有两排四个轮子，而非 A342/A343 的一排。

③ 四个舱门。

④ 与 A332 外形特征①、④、⑤、⑥、⑦相同。

⑤ 最大载客 313 人；最大航程 16050km。

（6）空中客车 340－600，简称 A346，目前世界上最长的客机。主要外形特征：

① 机身特别长，由此也显得垂直尾翼特别的矮。

② 五个舱门。

③ 与 A332 外形特征④、⑤、⑥、⑦相同。

④ 与 A345 外形特征①、②相同。与 A345 的主要外形区别就在于长度及随之而变化的舱门数量。A346 是 A340 系列机身最长的一款机型，国内只有东航和海航有 A346。

⑤ 最大载客 380 人；最大航程 13900km。

2.4　常见机型客舱布局

飞机座位间距和座椅是否合适，与乘客旅途疲劳与否息息相关。目前，主流飞机经济舱座位的标准间隔为 32 英寸（81.3cm），公务舱则为 38 英寸（96.5cm），标准间隔是指从前排座椅固定架前端，到本排座椅固定架前端的距离。而乘客关心的腿部空间，即前排椅背到本排坐垫的距离，大约是 10 英寸（25.4cm）。

即使是同一家公司的同一种机型,座位布局也可能不同。即使是同一架飞机,前后舱座位间距也可能不一样。座位并非随意布局,而是受制于紧急出口位置。以窄体飞机为例,紧急出口一般靠近飞机中部,将飞机分为前后舱,机舱的长度除以间距基本要求整除。因此,就可能出现30英寸~31英寸的间距。出于安全考虑,紧急出口与前排的间距自然要大一些,为38英寸~42英寸。

2.4.1 波音737-800客舱及布局

B737-800(图2.12)飞机为单通道飞机,一般可以载客162名~189名。机上共有4个舱门分别分布在客舱的前部和后部,客舱中部两侧各有1个翼上紧急出口。客舱前部右侧和客舱后部各有1个厨房。机上共有3个洗手间,分别位于客舱前部左侧和客舱后部左右两侧,衣帽间位于客舱前部左侧第一排座位前方。

中国南方航空公司B737-800型飞机的具体型号是B737-81B(A构型、B构型)和B737-83N。

1. B737-81B(A构型)飞机客舱座位布局

总座位:167,其中C8 Y159

OA区(MAX 8)

  C舱　1~2 ROW　　A　C　　　　D　F

OB区(MAX 72)

  Y舱　4~15 ROW　　A B C　　　D E F

OC区(MAX 87)

  Y舱　16~29 ROW　　A B C　　　D E F

     30 ROW　　　　　　　D E F

安全员座位:4 C

紧急出口位置:14~15 ROW

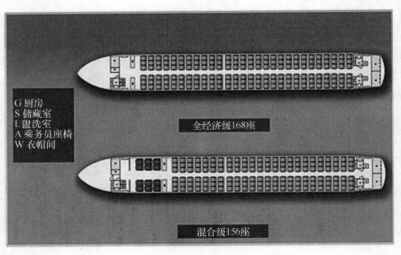

G 厨房
S 储藏室
L 盥洗室
A 乘务员座椅
W 衣帽间

全经济级168座

混合级156座

图2.12　B737-800客舱布局图

2. B737-81B(B构型)飞机客舱座位布局

总座位:170,其中C8 Y162

OA区(MAX 8)

  C舱　1~2 ROW　　A　C　　　　D　F

OB区(MAX 72)

　　　　Y舱　4~15 ROW　　A B C　　　　D E F
OC区(MAX 90)
　　　　Y舱　16~30 ROW　　A B C　　　　D E F
安全员座位:4 C
紧急出口位置:14~15 ROW

3. B737-83N 飞机客舱座位布局

总座位:165,其中 C8 Y157

OA区(MAX 8)
　　　　C舱　1~2 ROW　　A　C　　　　D　F
OB区(MAX 79)
　　　　Y舱　5~14 ROW　　A B C　　　　D E F
　　　　　　　15 ROW　　　B C　　　　　E F
　　　　　　16~17 ROW　　A B C　　　　D E F
OC区(MAX 78)
　　　　Y舱　18~30 ROW　　A B C　　　　D E F
安全员座位:4 C
紧急出口位置:14~15 ROW

2.4.2　空客 330-200 客舱及布局

　　A330-200 飞机为双通道飞机(图2.13),一般可以载客253名~293名。机上共有8个出口分别分布在客舱的前部、前中部、后中部和后部。客舱前部、中部、后部各有2个厨房。机上共有8个洗手间,分别位于客舱前部、中部和后部的左右两侧,衣帽间位于客舱前部左侧第一排座位前方,如图2.13所示。

246座,公务舱36座(排距60英寸) + 经济舱210座(排距32英寸)

(a)

343座,经济舱343座(排距31/32英寸)

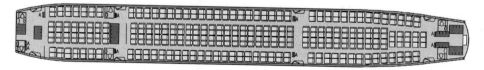

380座,经济舱380座(排距29/30英寸)

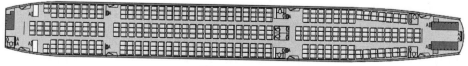

(b)

图 2.13　A330-200 客舱布局图

(a)超舒适两级客舱布局;(b)单级客舱布局。

2011 年 11 月,东方航空公司引进 16 架 A330 – 200。在客舱内部采取 30 座 180°完整平躺的公务舱和 204 座经济舱布局,增强了娱乐功能,让空中飞行更为舒适惬意。

2.5 思 考 题

1. 在航空运输领域,干线飞机和支线飞机是依据什么划分等级的? 如何细分等级?

2. 波音 737 系列飞机是属于什么类型的飞机? 根据项目启动时间和技术先进程度可以分为几类? 每一类分别包括哪些机型?

3. 波音 747 系列飞机是属于什么类型的飞机?

4. 波音 767 系列包括哪几种基本型号? 区别主要在哪些地方?

5. 波音 787 梦想飞机在技术上有哪些创新?

6. 说明单级客舱布局与两级客舱布局的不同。

7. 说明空中客车代表机型 A300 – 600 与 A310 – 300 的典型两级客舱布局的异同点。

8. 目前,空中客车公司投入运营的 A330/340 系列主要有哪几种机型?

9. 目前,主流飞机经济舱座位、公务舱座位的标准间隔分别是多少厘米? 是指从哪里到哪里的距离?

10. A330 – 200 飞机为几通道飞机? 机上共有几个出口? 分别位于哪里?

第二篇　客舱设备原理及操作

第3章　飞机舱门及自备梯

3.1　客　舱　门

　　飞机舱门是一种活动的部件,用于进出各机舱和区域。一般地,登机门位于飞机的左侧,用于旅客、机组上下机。勤务门位于飞机右侧,用于厨房服务。翼上紧急出口门位于飞机客舱中部两侧。货舱门位于飞机右侧,机翼前后方,用于进出货舱。其他的接近门则近于其服务系统的附近。

3.1.1　波音系列客舱门

　　B737-700 客舱设计有两个登机门,分别位于飞机左侧前部和后部。这些舱门为推塞式,向内开启,然后向外旋转。前登机门设有弹簧助力,便于开启。两个服务舱门分别位于飞机右侧前部和后部。

　　B737 系列机型舱门尺寸(宽×高)cm:

　　前舱:86×122;后舱:89×122。B737 系列机型属于窄体机,无散舱,不接托盘货,货物单件毛重不能超过 80kg。

　　B757-200 客舱在机身左侧设有三个乘客登机门(图 3.1),在机身右侧设有三个服务舱门。两个应急出口分别位于飞机两侧的机翼上方。

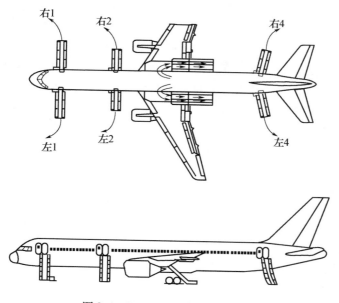

图 3.1　B757-200 客舱门示意图

B757 系列机型舱门尺寸(宽×高)cm:

前舱:108×140;后舱:112×140;散舱:81×122。B757 系列机型限制不接托盘货。

B767-300 客舱在机身左侧设有三个乘客登机门(图3.2),在机身右侧设有三个服务舱门。两个应急出口分别位于飞机两侧的机翼上方。

B767 系列机型舱门尺寸(宽×高)cm:

前舱:340×170;后舱:178×170;散舱:96×110。

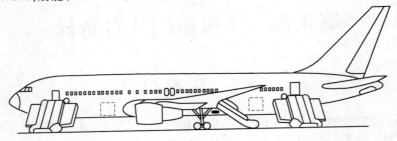

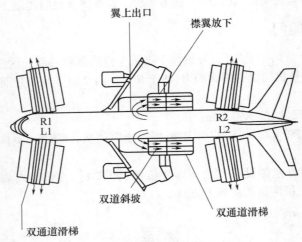

图3.2 B767-300 客舱门示意图

此外,客舱门上有滑梯包、观察窗、红色警告旗、操作把手、辅助把手、滑梯压力指示器、滑梯杆挂钩、地板支架等设备。红色警告旗位于每扇登机门的观察窗上,在紧急情况下和滑梯正在使用时,该旗处于警告位置,旗标呈现为交叉指示。

几种客舱门的操作方法:

(1) 舱门待命操作:

① 观察窗口处的红标签应交叉指示,处在警告位;

② 卸下舱门底端的滑梯杆;

③ 把滑梯杆插入地板的支架上;

④ 确认门已预位完毕。

(2) 解除舱门待命操作:

① 从地面支架上退出滑梯杆;

② 把滑梯杆固定在滑梯包底端的滑梯杆挂钩上;

③ 观察窗处的红标签(红色警告旗)复位。

(3) 打开舱门步骤:

①观察窗外情况；

②旋转门把手至其反方向；

③下压门把手；

④向外推至锁定位；

⑤拉上隔离绳。

（4）关闭舱门操作：

①取下隔离绳；

②按下门边的阵风锁松开键；

③向内拉机门；

④旋转门手柄；

⑤关闭门使密封。

需注意的是,为了安全,在机门操作时一手应握住辅助把手。

（5）外部打开机门操作：

①检查红色释放杆警告旗；

②如果旗不可见,转动门手柄(转动手柄至全开锁位并松开门锁销)至门全内侧位；

③松开外部手柄并使其收入手柄槽；

④拉门后缘直至全开位。

需注意的是,外部手柄转动的同时内部手柄随着转动。因此,应缓慢移动外部手柄以避免内部手柄的快速或突然移动而造成机内人员伤亡。

（6）外部关闭机门：

①压下门锁释放阵风锁,握住并拉动门至开始转动；

②门将弹起并弹入客舱。

前门向客舱内移动的速度和力量很大,乘务员应注意安全。

3.1.2 空中客车330系列客舱门

A330系列分为A330-200和A330-300两种机型。舱门尺寸(宽×高)/cm:

A330-200机型,前舱:244×170;后舱:244×170;散舱:95×106。

A330-300机型,前舱:244×170;后舱:244×170;散舱:95×63。

A330-200客舱门上有撤离滑梯储存器、门控手柄、防风锁、辅助手柄、预位系统、观察窗、滑梯预位指示灯、客舱压力警告灯、舱门锁定指示器等。

舱门尺寸(宽×高)/cm:

前舱:244×170;后舱:244×170;散舱:95×106。

几种客舱门的操作方法:

（1）舱门待命操作：

①取下安全销,并储放在支撑臂的销孔里；

②将待命杆移放在待命的位置。

（2）解除舱门待命操作:装上带有红色警告飘带的安全销。

（3）打开舱门步骤：

①拉住辅助手柄,将门控手柄完全向上抬起；

②将门向外推；

③使用门辅助手柄将门向前推到锁在全开的位置。

（4）关闭舱门操作：

① 拉住一个辅助手柄,按防风锁并同时将支撑臂向自己方向拉;

② 使用门辅助手柄将门向后推;

③ 当门在其门框前,将门向里拉并将门框手柄再往下放;

④ 检查门是否正确锁住,门锁指示必须指示"LOCKED"。

3.2　紧　急　出　口

对于翼上紧急出口,前排座椅和本排座椅不能调节,翼上出口一排脚下通道不能放行李,限制性旅客不能坐在翼上窗口一排。

3.2.1　B737-800飞机翼上紧急出口

紧急出口门位于客舱中部两侧,共有四扇,可从机内或机外开门,通过装在出口门顶部的弹簧预紧人工操纵手柄开门,在手柄下方有一个窗子。翼上紧急窗上有脱离绳贮藏处、控制板、操作手柄。

1. 从内打开

从机内拉下操纵手柄可将门打开。手柄的动作将锁定滚子脱出,使门向机内下方移动,然后,一弹簧作动筒将门向外打开,最后,当门打开大概125°时,门的铰接臂锁定机构会将门锁定在全开位。

2. 从外打开

从机外按压进出口顶部的小面板,再将门推入机内即可将门打开。注意,当从机外打开紧急安全门时,应注意不要被门伤及。

3.2.2　A330-200"I"型紧急出口

"I"型紧急出口部件包括撤离滑梯储存器、门控手柄、防风锁、辅助手柄、待命系统、观察窗、滑梯预位指示灯、客舱压力警告灯、舱门锁定指示器等。

1. 从内侧打开紧急出口

① 拉住一个辅助手柄,打开舱门手柄护盖;

② 将门柄手柄完全向上抬起;

③ 将门向外推;

④ 使用门辅助手柄将门向前推到锁在全开的位置。

2. 从内侧关闭紧急出口

① 拉住一个辅助手柄;

② 按防风锁并同时将支撑臂向自己方向拉;

③ 使用门辅助手柄将门向后推;

④ 当门在其门框前,将门向里拉并将门框手柄再往下放;

⑤ 检查门是否正确锁住,门锁指示必须指示"LOCKED"。

另外,机上的驾驶舱窗口也可用作机组撤离的紧急出口。

3.3　舱门的维护检查

1. 登机门的检查

① 检查内外蒙皮是否有划伤或腐蚀,铰接整流罩是否有松弛和漏掉的螺钉。

② 检查构架、内部托架、手柄机构箱和铰链是否有划伤、腐蚀和松弛的螺钉。

③ 检查门和构架是否有划伤和腐蚀。

④ 检查舱门操纵机构是否有划伤和腐蚀,过度磨损和松弛的螺栓。

⑤ 检查排漏孔是否被堵塞。

⑥ 检查舱门密封带是否有划伤、裂口、撕裂,当舱门在关闭位置时,密封带是否在正确的放置。

2. 货舱门的检查

① 检查内外蒙皮有无裂纹、毛边和腐蚀现象。

② 检查构架、内部托架、铰链臂接头、手柄和手柄凹槽有无裂纹、腐蚀现象以及安装是否牢固。

③ 检查舱门操纵机构有无裂纹、腐蚀、过度腐损的现象以及安装是否牢固。

④ 检查锁钩滚钩、锁钩舱门止动装置和止动销有无裂纹、锈蚀现象,以及有无外来物积聚在锁钩内或粘在止动接头上。

⑤ 检查舱门封有无裂纹、划伤、撕裂的现象和变质的迹象,以及在舱门处于关闭位置时,封严的放置是否正确。

3.4 思 考 题

1. 对于波音系列机型,如何从内打开和关闭舱门?

2. 对于 A330 系列客舱门,如何打开和关闭舱门?

3. 对于紧急出口一排的座椅和乘客有什么特别限制?

4. 对于 B737 - 800 飞机翼上紧急出口,如何从内和从外打开舱门?

5. 登机门的检查和维护要注意哪些方面?

6. 货舱门的检查和维护要注意哪些方面?

7. 对于 A330 - 200 飞机的"I"型紧急出口,如何从内侧打开和关闭?

第4章 客舱服务设备

客舱服务设备包括旅客扶手内侧服务组件(阅读灯、呼唤铃、耳机插座、调频)、座位调节按钮、脚踏板、行李架、放像设备、广播器、内话机、乘务员工作面板等。

4.1 乘务员工作面板

乘务员工作面板(图4.1、图4.2)一般包括灯光面板、音频面板、水系统指示面板和杂项面板。

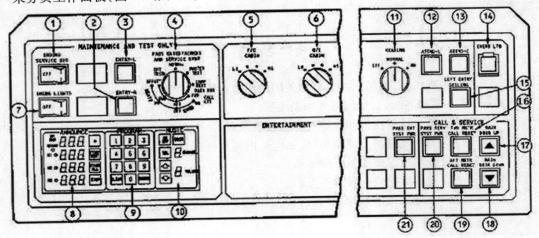

图4.1 B767-300 前乘务面板

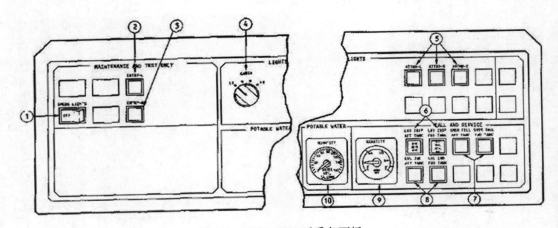

图4.2 B767-300 后乘务面板

(1)标题栏显示每一选项页的标题,如 CABIN STATUS(客舱状态)、CABIN LIGHTING(客舱灯光)等。

(2)显示区域显示每一选择页。

（3）系统和功能键用于选择系统页。

（4）按键相对应的含义和作用：

① EMER   启动应急灯光系统

② PED POWER   便携式电子设备电源（启动/关闭座椅内电源系统）

③ LIGHTS MAIN ON/OFF   主灯光 开/关（启动/关闭客舱灯光）

④ LAV MAINT   卫生间维护（在对卫生间进行维护时，将卫生间灯光设置到最亮）

⑤ SCREEN 30 SEC. LOCK   将触摸屏设置到30s的睡眠模式供清洁

⑥ EVAC CMD   撤离指令（启动撤离警戒系统）

⑦ EVAC RESET   撤离重置（重置撤离警戒系统的音响警告）

⑧ SMOKE RESET   烟雾重置（重置卫生间烟雾系统的音响警告）

4.1.1　灯光面板

① MAIN ON/OFF   总开关

② WDO（MDG）   侧窗灯

③ CLG   顶灯

④ CTR   中央顶灯

⑤ AISLE   侧顶灯

⑥ CABIN FWD   前舱灯光且100%亮度

⑦ CABIN AFT   后舱灯光且100%亮度

⑧ DIM 1   50%亮度

⑨ DIM 2   10%亮度

⑩ NIGHT   夜航照明

⑪ ENTRY FWD   前入口灯

⑫ ENTRY MID   中入口灯

⑬ ENTRY AFT   后入口灯

⑭ LAV   厕所灯光

⑮ LAV MAINT   厕所灯全开

⑯ ATTN   乘务员工作灯

⑰ READ   旅客阅读灯

⑱ AFT BRT/AFT DIM 1/AFT DIM 2   后舱灯光亮度100%/50%/10%

4.1.2　音频面板

① MUSIC   登机音乐

② ON/OFF   开关

③ SEL   选频

④ + 、-   音量调节

⑤ 0~9   数字键

⑥ ENTER   输入

⑦ CLEAR   清除

⑧ START ALL   播放全部预设的广播

⑨ START NEXT   逐条播放预设的广播

⑩ STOP   停止播放

⑪ MEM01～05　　　　　　　预设广播的播放顺序
⑫ PES ON/OFF　　　　　　旅客座位音响系统开关

4.1.3　杂项面板

① EMER　　　　　　　　　人工接通应急灯光
② SMOKE LAV　　　　　　任一厕所烟雾警告
③ EVAC CMD　　　　　　　撤离指令键(按下,发出撤离指令)
④ EVAC　　　　　　　　　撤离警告指示键
⑤ RESET　　　　　　　　　按下,取向相关客舱各类警告
⑥ CHIME INHIB　　　　　　旅客呼叫提示声抑制键
⑦ CALL RESET　　　　　　取消所有旅客呼叫
⑧ CIDS CAUT　　　　　　　CIDS 系统相关系统故障灯
⑨ PNL LLIGHT TEST　　　　液晶屏及前乘务员控制面板按键测试键
⑩ DOORS　　　　　　　　显示机门状况页面
⑪ WATER　　　　　　　　预设并显示水量页面
⑫ WASTE　　　　　　　　显示污水量页面
⑬ SYS CHECK　　　　　　显示 CIDS 检查页面
⑭ PRE ANN　　　　　　　预录广播操作页面
⑮ CABIN TEMP　　　　　　显示并用于客舱调节温度
⑯ LAY – OUT　　　　　　　客舱布局调整(维护人员操作)
⑰ ZONE PROG　　　　　　区域编排(如禁烟区设定)
⑱ NEXT PAGE　　　　　　显示下一页
⑲ ＊CIDS　　　　　　　　客舱内部通信数据系统
⑳ PTP　　　　　　　　　　编程测试面板
㉑ AIP　　　　　　　　　　乘务员指示面板

4.2　盥洗室设施

4.2.1　主要设施

　　每个盥洗室(图4.3)安装有抽水马桶、洗漱池、镜子和废物箱以及其他必要的梳妆设施。有些盥洗室设计有可供照料婴儿的折板及残疾人使用的设施。

　　同时,安装有一个乘务员呼叫电门、客舱广播扬声器、"返回座位"信号灯、烟雾探测/警报器、废物箱灭火设备,备有两个在机舱失压时会自动脱落的氧气面罩。

　　盥洗室内,每个盥洗室均设有通风设备,废气通过排气孔排出机外。

　　各机型上的盥洗室设施基本类似。B737 – 800 飞机上有 3 个盥洗室,A330 – 200 飞机上有 8 个盥洗室。

4.2.2　盥洗室门

　　盥洗室门可在外部锁闭或开锁:打开盥洗室"空位/占用"指示器的盖板,然后将锁舌拨到左或右侧。

　　关闭盥洗室门并锁定后,镜子照明灯和"盥洗室占用"信号灯亮。

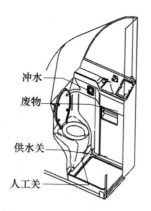

冲水
废物
供水关
人工关

图 4.3　B757 – 200 盥洗室

当盥洗室有人占用并把门栓锁上,客舱内的壁板上的占用指示牌出现"有人"或"occupied",盥洗室门口占用牌显示"有人",同时盥洗室顶部照明由低亮变为 100% 亮;空闲时客舱内壁板上占用指示牌出现"无人"或"vacant",盥洗室灯呈低亮。

盥洗室服务面板上有:返回座位指示灯、呼叫按钮。

当安全带信号灯亮时,指示灯亮起,同时,扬声器也会传出广播。

乘客通过按压盥洗室服务面板上的旅客呼叫按钮,就能实现在盥洗室内呼叫乘务员。此时,位于盥洗室外舱壁上的呼叫灯亮起,在相应的前后乘务员座位处的琥珀色盥洗室灯亮,并在乘务员座位处能听见铃声。

4.2.3　供水与排污

盥洗室可提供冷、热用水。水加热器位于盥洗室洗漱池下方,水温分三挡可供选择,即低(约41℃)、中(约46℃)、高(约52℃)。

加热器的电源接通且正常工作时,位于加热器顶部的琥珀色指示灯亮。加热器控制电门与加热器琥珀色指示灯相邻。

水关断阀门位于洗手池下。

垃圾箱是用来丢放杂物的,注意不要将带火源的物品(如烟头)放入垃圾箱内。

抽水马桶的污水储存在飞机后部的两个污水箱内,总容量大约为 116 加仑(1 加仑约为4.546L),当污水箱装满时,所有盥洗室的冲洗系统就会自动关闭,后乘务员工作面板上的污水指示灯会自动点亮,此时盥洗室不能使用;有时在污水箱内的传感器堵塞,也有可能会使污水指示灯亮,无论发生何种情况都必须记录在客舱记录本上报修。

4.2.4　灭火装置

每个盥洗室舱顶均安装有烟雾探测器(图 4.4)。探测器启动时,内部声响警告,同时探测器的红色警告指示灯亮。当洗手间内有浓雾时,烟雾探测器会发警报。烟雾驱散后,红色警告指示灯灭且鸣叫声停止,探测器自动复位。

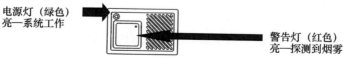

电源灯(绿色)
亮—系统工作

警告灯(红色)
亮—探测到烟雾

图 4.4　B767 – 300 盥洗室烟雾探测器

自动灭火器(图4.5)位于每个洗手池的下面。如检查中发现喷嘴变白,则可以认为灭火器已释放。

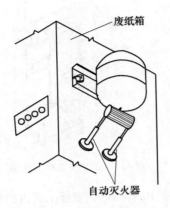

废纸箱

自动灭火器

图4.5　B767－300盥洗室灭火设备

4.2.5　维护与检查

盥洗室的检查主要包括检查盥洗室的应急设备及卫生状况、摆放卫生用品以及检查洗手间的设备是否齐全有效。执行步骤:
(1) 摆放卫生用品(香皂、卫生纸、手纸、擦手纸、马桶垫纸、一次性手套、清洁袋、香水等)。
(2) 检查洗手水、化粪剂、冲马桶水是否加灌。

4.3　厨　房　设　备

厨房用于储备食品及饮料等。厨房中一般配有烤箱、热水器、餐车、杂物储物柜、废物箱、冷水管、积水槽、烧水杯、电源控制板、服务台照明灯等设备。

各机型上的厨房设施基本相似。B737－800飞机上有前后两个厨房,A330－200飞机上有6个厨房。

可移动型储物柜用于储藏机供品、食品、饮料和存放垃圾,该储物柜可推进并锁定在厨房的侧壁内。

厨房(图4.6)配备有电源和供水系统。

4.3.1　烤箱

飞机上的烤箱操作步骤如下:
① 打开电源(ON);
② 设定温度(如需设定155℃,先按"Med"再微调。烤箱的预设温度:"Low"为80 ℃,"Med"为150 ℃,"High"为230℃);
③ 设定时间(时间选择键);
④ 按"Start"键开始工作;

如果过热,警告灯亮起时,必须关闭电源。温度微调键增加或减少最小为1℃;时间设定键增加或减少最小为1min。

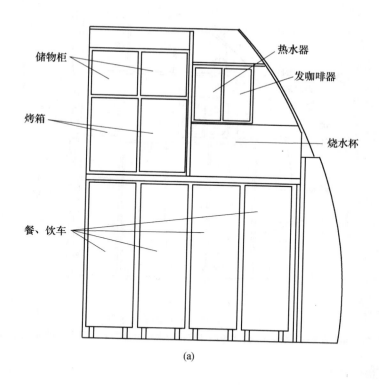

储物柜

热水器

发咖啡器

烤箱

烧水杯

餐、饮车

(a)

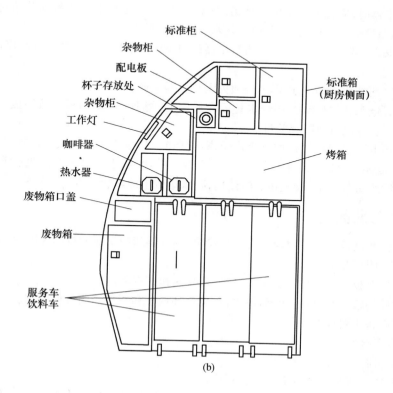

标准柜

杂物柜

配电板

杯子存放处

杂物柜

工作灯

咖啡器

热水器

废物箱口盖

废物箱

标准箱
(厨房侧面)

烤箱

服务车
饮料车

(b)

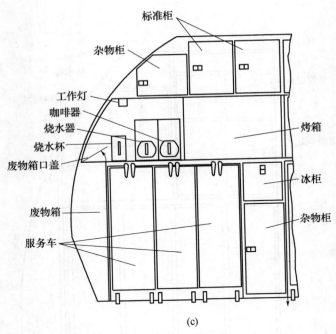

图 4.6　B767－300 厨房示意图

(a) B767－300 前厨房示意图；(b) B767－300 中厨房示意图；(c) B767－300 后厨房示意图。

4.3.2　热水器

在使用烧水器时,应先放水至水流顺畅,如无水流,需先检查水表和和水关闭阀。打开热水器电源开关,当水温灯亮起后即可使用,此时热水器内的水温可达到 85℃。

当"No Water"灯亮起后,应立即关闭热水器的电源,扳动出水开关直至有水流出后,才可以再次打开电源开关。

起飞、下降(落地前 10min)过程中必须关闭热水器电源。

厨房中设有烧水杯,操作时,将烧水杯插在插座上,将 Hot Cup 面板上按钮放在"ON"位,烧水杯开始工作。面板旁设有故障报警灯。

水表装设在 R2 门门框上方,由五个水位指示灯和一个检查按钮组成。检查时,按下红色检查按钮,哪个水位指示灯亮就说明有多少水,"E"为空,"F"为满,五个灯全亮说明水满。

冷水管前后厨房各一个,清洗物品时使用,积水槽位于冷水管下方。

4.3.3　检查与准备

前厨房第一套设备上的控制板上有一号烤箱、热水器和厨房照明灯的保险丝,服务台照明灯开关和厨房顶棚照明灯开关。

前厨房第二套设备上的控制板上有二号、三号烤箱的保险丝。

后厨房的控制板上有电源、烤箱、热水器、烧水杯插座和厨房照明灯保险丝。

(1) 厨房准备主要包括:

① 接通厨房电源;

② 检查厨房服务设备、水量表;

③ 检查厨房区域所有设施是否齐全有效;

④ 按配备清单检查机供品包括报刊、杂志等的种类、数量、质量,并按规定位置摆放整齐。

（2）执行步骤：

① 检查厨房电器设备是否在正常状态；

② 检查水供应的情况；

③ 检查能保证航班过程中服务正常的设备,如干冰等。

4.4 乘客服务单元

4.4.1 座椅

乘客座位(图4.7)由头枕、靠背、坐垫、扶手、安全带、行李挡杆、小桌板、口袋救生衣等部分组成。

除了翼上紧急出口附近的座椅靠背外,其他的座椅靠背都是可以调节的,在起飞和降落时,座椅靠背必须调直。

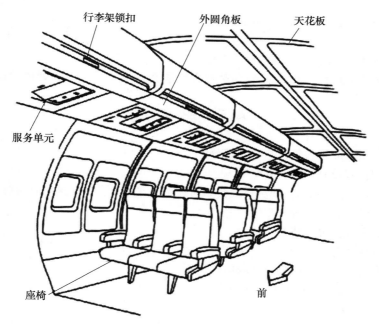

图4.7 B757－200乘客座位

坐垫在水上迫降时可用作漂浮物。

座椅扶手上安装有调节靠背的按钮、耳机插孔和音频调节按钮等。

每个舱位第一排和翼上紧急出口附近的座位上的小桌板安装在扶手内。

座椅背后的口袋里一般放置有清洁袋(供旅客放置废弃物)、安全须知和航空公司的宣传杂志或机上免税品清单。

救生衣位于座位下方。

4.4.2 行李架

行李架纵贯整个客舱,可供放置毛毯枕头及手提行李,也可放置应急设备。每个行李架均设有最大限载标示。

行李架的下方即旅客的头顶上方安装有阅读灯、通风口、"禁止吸烟"及"系好安全带"标示灯／

呼唤铃等。

4.4.3 侧窗与遮光板

B757-200机型客舱侧窗的高度与视线平行,窗口间距约51cm,并安装有嵌框。每个嵌框均设有非透明滑动式遮阳板及两层能承受客舱压力的透明玻璃,为平衡压力,内层玻璃设有通气孔。除应急出口处侧窗遮阳板的打开方法为向下滑动外,其余侧窗遮阳板的打开方法为向上滑动。

所有舱门均装有圆形观测窗,供观察、判断外部情况。

在起飞和降落时,为了安全起见,遮光板应该是打开的。

4.4.4 壁橱与隔板

壁橱位于飞机的前半部。有些隔板设有放置书报的柜子。

4.4.5 检查

检查乘客服务单元设备,执行步骤:

① 检查旅客座椅下救生衣是否在位;

② 检查旅客座椅的情况,包括座椅套的洁净程度;

③ 检查旅客服务单元的各个设备,包括视音频系统、阅读灯、呼唤铃、通风设备等。

4.5 思 考 题

1. 乘务员的工作面板一般包括哪几部分?

2. 各机型盥洗室设施一般有哪些?

3. 当盥洗室污水箱装满时,冲洗系统会如何提示工作人员?如何进行日常维护?

4. 一般机型的厨房设备都有哪些?

5. 乘客服务单元主要有哪些功能?

6. 乘务员的座椅有哪些特殊性?

7. 在起飞和降落时,遮光板应该怎样放置?

8. 飞行前准备,应该对厨房做哪些检查?

第5章 客舱应急设备

5.1 供氧系统

一般机型,都有两套独立的氧气系统,一套供驾驶舱使用;另一套供乘客和乘务员使用。

5.1.1 氧气面罩

氧气面罩分为一次性氧气面罩(Disposable Oxygen Mask)和全氧气面罩(Fully Face Oxygen Mask),由独立的化学氧气发生器提供。

在乘客座位上方的每个乘客服务单元内存放有乘客氧气面罩和氧气发生器。每个盥洗室内及每个乘务员座位上方均设有2个氧气面罩和1个氧气发生器。

飞机的座舱高度超过4200m,氧气面罩会自动脱落。乘客氧气面罩同时可由驾驶舱人工操作使其脱落。

氧气可持续提供大约12min,且不能关断。

从乘客服务单元拉下任一氧气面罩时,相应的氧气发生器即可启动供氧。如氧气面罩不能自动脱落,可使用笔形物插入氧气隔板的小孔,使其人工打开。

(1)氧气面罩的使用方法:

① 当氧气面罩脱落后,用力向下拉动氧气面罩;

② 将面罩罩在口鼻处,松紧带戴在头上;

③ 调整好松紧带长度,进行正常呼吸。

(2)使用时应注意的问题:

① 必须拉动面罩才有氧气流出;

② 氧气面罩不能作为防烟面罩使用;

③ 供氧开始后,禁止吸烟。

5.1.2 便携式氧气瓶

氧气瓶分为手提氧气瓶(Portable Oxygen Bottle)和带有防烟面罩的手提氧气瓶(Portable Oxygen Bottle With Smoke Mask Attached)。

飞机上氧气瓶容量分为三种:311L、120L 和 60L。

氧气瓶上有2个氧气流量出口,分别为高流量出口和低流量出口。

高流量出口(HI)供氧流量为4L/min,可使用77L/30min/15min;低流量出口(LO)供氧流量为2L/min,可使用155min/60min/30min。

(1)氧气瓶的使用步骤:

① 取出手提式氧气瓶;

② 根据需要选择一个流量出口并打开其防尘帽;

③ 插上氧气面罩;

④ 逆时针打开供氧开关;

⑤ 检查氧气袋是否充气;

⑥ 戴上氧气面罩。

（2）使用氧气瓶的注意事项：

① 不要碰撞氧气瓶；

② 避免氧气与油脂类接触，擦掉浓重的口红或唇膏；

③ 用氧周围 4m 之内不能吸烟或有明火；

④ 当压力表指针指示为 500 磅/英寸 2 时，应停止使用，以便再次充氧；

⑤ 肺气肿患者使用低流量；

⑥ 氧气开始流动时，氧气指示标志由白色变成绿色。

5.2　灭火设备

常用的灭火设备主要有二氧化碳灭火瓶（CO_2 Extinguisher）、水灭火瓶（Water Extinguisher）、干粉灭火瓶（Dry Chemical Extinguisher）和海伦灭火瓶（BCF Extinguisher）。

防护设备主要有防烟罩（Smoke Hood）、防烟镜（Smoke Goggles）以及防护手套（Protective Gloves）。

5.2.1　灭火瓶

客舱和驾驶舱中均备有水灭火瓶和海伦灭火瓶。

1. 手提式水灭火瓶（Portable H_2O Extinguisher）

水灭火瓶内装有水和防冻剂混合液。水灭火瓶仅适用于布类和纸张灭火，而不能用于电气设备或油脂性物质的灭火。

（1）使用步骤：

① 向右转动手柄；

② 垂直握住瓶体；

③ 按下触发器，喷嘴对准火源底部边缘，移动灭火瓶，喷向火的底部边缘。

（2）在使用中，应注意：

① 不能用于电气设备或油脂性物质灭火；

② 瓶体不要横握或倒握；

③ 瓶内装有防腐剂，不能饮用；

④ 喷射距离是距火源 2m；

⑤ 喷射时间是 40s。

（3）检查水灭火瓶的执行步骤：

① 在指定位置并固定好；

② 铅封处于完好状态，无损坏。

2. 手提式海伦灭火瓶（Portable Halon Fire Extinguisher）

海伦灭火瓶装有加压液化气。

压力指示器显示范围为：可用、低压、超压。

拉环式安全销用于防止释放手柄的意外操作，液化气释放后将使汽化减压，以用于灭火。该灭火瓶适用于任何类型的火情，但主要用于电气设备和燃油及油脂性物质灭火。

（1）使用步骤：

① 垂直方向拿起灭火瓶；

② 快速拔下环形保险销；

③ 握住手柄和触发器,喷嘴对准火源底部边缘,平行移动灭火瓶,喷向火源底部边缘。

（2）使用时应注意:

① 海伦灭火剂喷出的是雾,但很快就气化了,而这种气化物是一种惰性气体,它可以隔绝空气使火扑灭,表层的火很快被扑灭后,而里层仍然有余火,所以应随后将失火区域用水浸透;

② 瓶体不要横握或倒握;

③ 不能用于扑灭人身上的火,以免造成窒息;

④ 喷射距离是距火源 2m~3m;

⑤ 喷射时间大约是 10s(A340 – 300 飞机大约 7s);

⑥ 如电气设备失火,应尽快切断电源,并避免喷向他人,避免造成可能的人员窒息;

⑦ 喷射的气流可能会吹散火焰,使用时喷口切勿距火焰太近;

⑧ 人员应尽量避免吸入其水汽、难闻的气体和热烟。

（3）检查手提式海伦灭火瓶的执行步骤:

① 是否在指定位置并固定好;

② 安全销是否在穿过手柄和触发器的适当位置;

③ 压力指针指向绿区。

3. 16 磅海伦灭火瓶(Halon Fire Extinguisher)

适用范围与手提海伦灭火瓶相同。

使用时应注意:

① 此种灭火瓶一般用于大面积失火和主货舱失火;使用时应根据火势,如果需要延伸管,应首先迅速接好延伸管。

② 喷射距离是距火源 2m~3m。

③ 喷射时间是大约 12s。

飞行前的检查与手提海伦灭火瓶相同。

4. 16 磅水灭火瓶(H₂O Extinguisher)

其结构及使用与 16 磅海伦灭火瓶相同,适用范围同手提水灭火瓶。

5.2.2 防烟面罩(Smoke Hood)

防烟面罩用于乘务员和机组人员在客舱封闭区域失火和有浓烟时,保护灭火者不受烟雾、毒气的伤害,保护灭火者的眼睛和呼吸道不受火和烟的侵害。

面罩里的氧气是靠防烟面罩上的化学氧气发生器提供的,当拉动调整带触发拉绳被断开后,化学发生器开始工作,产出氧气。

使用时间:15m(平均为 15m,呼吸快时可能有灰尘感和咸味,时间相对要短一些)。

（1）使用特点:

① 戴上面罩后可以通过面罩前部的送话器与外界联系;

② 当氧气充满面罩时,面罩应为饱满的状态;

③ 当氧气用完后,由于内部压力减小面罩开始内吸。

（2）使用步骤:

① 打开包装盒;

② 取出防烟面罩并展开;

③ 撑开密封胶圈(大小同头同大);

④ 带上防烟面罩;

⑤ 调整面罩位置;

⑥ 系紧固定拉绳,拉动触发绳;

⑦ 开始供氧。

(3) 使用时,应注意:

① 必须在无烟区穿好;

② 头发必须全部放在面罩内,衣领不要卡在密封胶圈处;

③ 当呼吸困难时,可能是氧气用完或穿戴不当;

④ 当面罩开始内吸时,使用时间已到,应迅速到安全区摘下面罩;

⑤ 如果戴着眼镜使用,戴好后要在面罩外面整理眼镜位置。

(4) 检查防烟面罩的执行步骤:

① 确认防烟面罩固定在指定的位置;

② 确认包装盒未被打开;

③ 确认外包装铅封完好。

5.2.3　石棉手套(Asbestos Gloves)

位于驾驶舱内或门上方的储藏箱内,用于驾驶舱失火时,保持驾驶员能够操纵飞机时使用或主货舱灭火时供兼职消防员使用,具有防火隔热作用。

5.2.4　防烟眼镜 (Smoke Goggles)

在烟雾充满客舱时,防烟眼镜保护驾驶舱内机组成员眼睛不受伤害,保证继续飞行。

使用步骤:

① 保证眼镜的密封边紧贴在眼部和全面部氧气面罩边缘;

② 固定用橡胶带套在脑后,和氧气面罩一起戴在脸上。

5.2.5　灭火毯

灭火毯为规格 100cm × 100cm 的石棉毯,可用于扑灭一切物质引起的初期火灾,使用时从包装内取出灭火毯,将其覆盖在火源处。

5.3　紧急撤离设备

紧急撤离设备包括:

(1) 无撤离绳的出口通道(Exit Path Without Escape Strap);

(2) 有撤离绳的出口通道(Exit Path With Escape Strap);

(3) 有撤离滑梯的出口通道(Exit Path With Escape Slide);

(4) 救生筏(Life Raft);

(5) 救生衣(Life Vest);

(6) 应急斧(Crash Axe);

(7) 扩音器(麦克风)(Megaphone);

(8) 应急定位发射器(紧急发报机)(Emergency Location Transmitter,ELT);

(9) 手电筒(Flash Light);

(10) 救命包(救生包)(First Aid Kit);

(11) 出口指示灯(Exit Light)。

5.3.1　救生船

救生船用于水上迫降时撤离旅客。

断开手柄、人工充气手柄、缠绕好的系留绳位于包装袋上一款颜色鲜明的盖布下。

救生船上备有：

（1）救命包（First Aid Kit），系在展开的船上，由一根绳子连接着漂浮在水中，撤离时必须将其拉入船上。用于迫降后的求救和救生。按物品说明书使用。

（2）天棚（Canopy），在救生船内、外或救命包内。海上迫降时遮风挡雨，防寒防晒，同时可作为求救信号。打开天棚，对号与天棚柱连接并固定。

（3）天棚柱（Canopy Pole），在救生船内、船体上或救命包内支撑天棚。便于加大船内空间。按各机型救生船说明书使用。

（4）海锚（Sea Anchor），在救生船头。用于救生船的固定，到达安全区后在风上侧，抛出海锚。

（5）连接绳（Mooring Line），在救生船头。用于救生船之间的连接。按各机型救生船说明书使用。

（6）刀子（Hook Knife），在救生船头左侧。用于割断救生船与飞机之间的连接绳。

（7）救生绳（Heaving Line），在救生船尾左侧。用于救助落水者。

（8）救生环（Heaving Ring），在救生绳上，用于救助落水者。将救生绳和救生环抛入水中，落水者可抓住救生环。救助者也可将救生环套在自己的肩上跳入水中救人。

（9）内、外救助绳（Live Line），在救生船身内、外两侧。在船上或水中移动时当扶手使用。

（10）手动打气泵（Hand Pump），在救生船头。将打气泵旋入充气孔，用手向里压气，为救生船补气。

（11）充气孔（Inflate Valve），在救生船头。

（12）登船口（Boarding Station），在救生船头、船尾或船体边上。

（13）登船梯子（Boarding Ladder），在救生船头、船尾或船体边上。

（14）定位灯（Locator Light），在救生船头、船尾。用于在海上迫降时，显示救生船的位置。

（15）通风窗口（Windows），位于天棚上。海上迫降时，使船内空气流通。将拉链拉开即可通风。

（16）定位发报机（E.L.T），在救生船头或船体边上。迫降后，发出求救信号。将发报机上的连接绳与船体连接，抛入水中。

5.3.2　救生包

一般地，救生包备有以下应急物品：

（1）生存指南（Survival Book）：幸存者的生存指南。

（2）救生船说明书（Raft Manual）：救生船上设备的使用说明。

（3）药品包（Medical Kit）：急救时按说明使用。

（4）压缩食品（Food）：食品补充。

（5）饮用水（Water）：淡水补充。

（6）水桶（Bailing Bucket）：清理船中的积水。

（7）海绵（Sponge）：吸收船中的积水。

（8）修补包（Repair Kit）：修补船的漏洞。

（9）海水手电筒（Flash Light）：照明、发求救信号。

（10）反光镜（Signal Mirror）：发求救信号。

（11）信号筒（Flare Kit）：发求救信号。

（12）哨子（Whistle）：集合、联络、发信号。

（13）海水着色剂（Dye Marker）：发求救信号。

（14）桨（Oar）：划水。

（15）手套（Gloves）：发求救信号时使用。

（16）备份绳子（Spare Cord）：根据情况使用。

（17）驱除鲨鱼药剂（Shark Chaser）：驱逐鲨鱼。

（18）指南针（Compass）：判断位置、方向。

（19）火柴（Matches）：取火。

（20）渔具（Fishing Kit）：钓鱼。

（21）刀子（Knife）：切割物品。

（22）蔗糖（Sucrose/Candy）：为低血糖旅客补充糖分。

（23）圣经（Bible）：祈祷。

救命包内的药品主要有：

（24）胺吸入剂（Ammonia in Halants）；

（25）烧伤药膏（Tube Burn Ointment）；

（26）眼药膏（Tube Eye Ointment）；

（27）唇膏（Lip Stick）；

（28）消毒棉擦（Antiseptic Swabs）；

（29）水净化药片（Water Purification Tablets）；

（30）晕海宁（Sea Sickness Tablets）；

（31）1×3 英寸创可贴（1×3 Inch Band – Aids）；

（32）2 英寸止血绷带（2 Inch Compress Bandages）；

（33）5 英寸止血绷带（4 Inch Compress Bandages）；

（34）三角巾（Triangular Bandages）。

5.4 安 全 设 备

5.4.1 客舱维护记录本

客舱维护记录本（Cabin Log Book，CLB），用来填写飞机客舱设备功能及外观存在缺陷或故障，以便维修部门及时维修。

5.4.2 乘务员座椅

只有指定的机组人员才可以坐在折叠座椅上。如果乘务员座椅不使用时，应将全部安全带收好，以防损坏或在紧急情况下阻挡出路。每个折叠椅在不用时，都应具有自动恢复功能。

座位安装有一套组合式安全带/肩带及头垫。肩带的松紧度可调节，用于防止或减少因失重的冲压而导致伤亡的可能性。在非受力状态下，肩带将自动收回。

图 5.1 所示为 B757－200 乘务员座椅。

5.4.3 加长安全带

当安全带的正常长度不够使用时，可使用加长安全带来连接原来的安全带，但它不用于乘务员

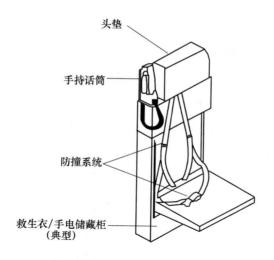

头垫

手持话筒

防撞系统

救生衣/手电储藏柜
（典型）

图 5.1　B757 – 200 乘务员座椅

折叠座椅。

5.4.4　安全设备检查

检查安全设备的执行步骤：

（1）检查客舱维护记录本是否在位，记录的客舱设备故障是否已作适当处理；

（2）检查机组座椅自动功能是否正常，安全带收缩是否正常，型号是否正确；

（3）检查加长安全带是否在位，锁扣与安全带是否匹配，数量是否准确。

5.5　其他应急设备

客舱内可能还有其他应急设备，如手铐、警棍、人工释放工具等，但不在乘务员航前检查的范围之列。

5.5.1　出口座位

民航规则要求，坐在出口座位上的旅客在发生紧急情况时，应能够协助机组成员。在每个出口座位前的口袋里都有关于详细说明出口座位规定的出口座位旅客须知卡。为保证出口座位上的旅客在发生紧急情况时能够胜任这些责任，适当进行飞行前调查是必要的。

1. 出口座位的定义

"出口座位"是指该座位上的旅客可以直接到达出口，不需要经过过道或绕过障碍物的成排座位中每个座位。

窗口出口座位前的座椅不能倾斜。

2. 机上乘务员有责任照顾出口座位旅客

（主任）乘务长必须确保对这些旅客已做过适当的广播或简介；

在包机飞行和任何乘客登机牌上无座位号的航班上，当没有做过飞行前调查时，乘务员在登机门关闭前必须做一次目视和口头上的评估，口头评估应包括旅客对于旅客安全须知卡上的中/英文指示的责任是理解的。

（主任）乘务长或指定的乘务员对每一个坐在出口座位上的旅客适合情况必须做目视评估。这个指定乘务员在关机门之前，必须将出口座位评估情况报告（主任）乘务长。在离港之前，（主任)乘务长应将出口座位评估情况汇报给机长。

5.5.2　乘务员座椅下的应急设备

乘务员座椅下的应急设备有救生衣和应急手电筒(图5.2)。

独立于飞机应急照明系统控制的应急手电筒储藏于每个乘务员座位下方。从托架上取出手电筒,电源自动接通(灯亮),且不能人工关断,须放回固定支架方可复位(灯灭)。电池指示灯闪亮以表示电量充足。

手电筒的电池不能充电。

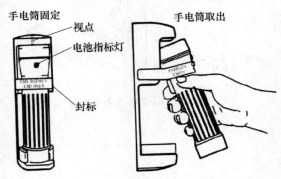

图 5.2　B757－200 应急手电筒

除此之外,乘务员座位下还有陆地迫降(有准备和有限时间准备)和水上迫降(有准备和有限时间准备)的撤离指令单各一份。

检查乘务员座位下的应急设备的执行步骤:

(1)检查机组救生衣是否在位,型号是否正确;

(2)检查示范用救生衣、氧气面罩、安全带是否在位,数量是否正确;

(3)检查手电筒是否在位,玻璃罩是否清洁,光亮是否正常;

(4)检查扬声器是否在位,声音是否正常,固定是否良好。

5.5.3　急救设备

客舱内急救设备有心肺复苏器(清醒剂)(Resuscitator)和急救药箱(Survival Kit)。

飞行前检查急救设备的步骤:

(1)检查急救药箱是否在位,铅封是否完好无损,是否上锁;

(2)检查急救箱是否在位,铅封是否完好。

5.6　思 考 题

1. 如何检查乘务员座位下的应急设备?

2. 如何检查灭火瓶?

3. 如何检查急救设备?

4. 如何检查手提式海伦灭火瓶?

5. 如何检查防烟面罩?

第 6 章　客舱服务系统

6.1　客舱通信系统

飞机客舱内通信系统包括客舱内话、乘客广播、机组和乘客呼叫及盥洗室呼叫系统等。目前，机载娱乐系统(IFE)也已广泛用于商用飞机和公务机，其功能还在不断扩展，从座位视频/音频点播系统(AVOD)到电视实况转播，以及衍生的新的便携式系统，丰富了乘客的机上生活。

6.1.1　手持话筒

手持话筒上设有：

（1）乘务员站位呼叫键：

按压——乘客广播系统交替式高低谐音声响。

　　　——相应工作区的粉红色内话呼叫灯亮。

　　　——如被呼叫者的内话系统正在使用,呼叫被抑制。

（2）乘客广播呼叫键：

按压——选择 PA 系统进行相应的广播。

（3）复位键：

按压——取消呼叫使话筒复位,进行客舱内话再呼叫(相同于话筒复位功能)。

（4）驾驶员呼叫键：

按压——驾驶舱内谐音声响。

　　　——驾驶舱面板相应呼叫灯亮,直至呼叫被回答或取消。

（5）通话键：

按压——接通乘客广播系统广播。

（6）提醒呼叫键：

按压——驾驶舱内谐音声响,驾驶舱提醒呼叫灯亮。

　　　——乘客广播系统 6 次交替式高低谐音声响。

　　　——所有乘务员站位粉红色呼叫灯闪亮。

图 6.1 所示为 B757 - 200 话筒。

6.1.2　客舱内话系统

客舱设有三部手持话筒：前、中、后乘务员工作区各安装一部。

客舱内话系统提供驾驶舱成员与乘务员之间的内话通信。

客舱内话系统可用作提供下述呼叫：

（1）驾驶舱呼叫乘务员；

（2）乘务员呼叫驾驶舱；

（3）乘务员呼叫乘务员；

（4）乘客广播。

进行客舱内话时,应取下话筒,然后按压相应的呼叫键呼叫其他区域的乘务员或驾驶舱。某一

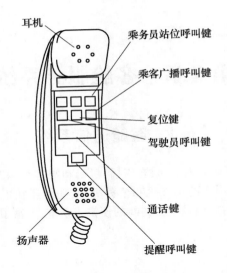

耳机　乘务员站位呼叫键

乘客广播呼叫键

复位键

驾驶员呼叫键

通话键

扬声器

提醒呼叫键

图 6.1　B757 – 200 话筒

乘务站位被呼叫时,可收听到乘客广播系统中交替式高低谐音声响,同时相应工作区的粉红色内话呼叫灯亮。

按压复位键或话筒复位,通信终止。

6.1.3　乘客广播系统

驾驶舱、乘务员及预录通告通过乘客广播系统完成,娱乐节目录音和机上音乐也可通过该系统播放。

乘务员可用客舱内话话筒进行乘客广播。

扬声器位于每个乘客服务单元、乘务员工作区及盥洗室内。

取下话筒,按压乘客广播呼叫键,然后按压通话键即可对所有乘客广播。

驾驶舱广播优先乘务员广播。

按压复位按键,手机将重新接通内话系统。

客舱广播依照优先顺序逐级超控。使用客舱内话系统广播时,如有更优先的广播插入,客舱内话系统将自动复位,同时话筒中可收听到拨号声。客舱广播的优先顺序如下:

(1) 驾驶舱广播;

(2) 乘务员广播;

(3) 预录广播;

(4) 机上音乐。

客舱广播系统正在使用时,驾驶舱会有相应的指示。

6.1.4　乘客呼叫系统

乘客按压其服务单元的乘务员呼叫电门进行乘务员呼叫,如图 6.2 所示。

按压"乘务员呼叫"电门:

(1) 呼叫电门灯亮;

(2) 相应的前、中或后乘务员站位蓝色乘客呼叫灯亮;

(3) 相应乘务员站位声响谐音提示;

（4）再次按压该"乘务员呼叫"电门,蓝色呼叫灯灭。

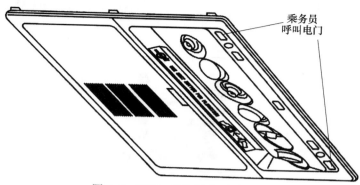

图 6.2 B737-700 乘客呼叫系统

6.1.5 盥洗室呼叫系统

乘客按压盥洗室舱壁洗漱池上方的乘务员呼叫电门,即可在盥洗室内呼叫乘务员,如图6.3所示。

图 6.3 B737-700 盥洗室呼叫按钮

按压"乘务员呼叫"电门:
（1）相应的盥洗室门外壁的呼叫/复位电门灯亮;
（2）相应乘务员站位琥珀色盥洗室呼叫灯亮;
（3）相应乘务员站位声响谐音提示;
（4）再次按压盥洗室门外壁的呼叫/复位电门,琥珀色呼叫灯灭。

6.1.6 乘客通知

客舱内乘客服务单元均设有"禁止吸烟"和"系好安全带"信号灯,以保证每位乘客能够清晰可见,如图6.4所示。

每个盥洗室内的"返回座位"信号灯只有灯亮时才可显示。

这些信号灯由驾驶舱人工或自动控制。如机长选择自动控制,起落架放下时将使所有信号灯亮。

起飞后起落架收上时,"禁止吸烟"灯灭;而"系好安全带"和"返回座位"信号灯要在襟翼全收后才会熄灭。

着陆过程中,开始放襟翼或放下起落架时,"系好安全带"和"返回座位"信号灯亮;"禁止吸烟"信号灯在起落架放下时将自动接通。

信号灯亮、灭循环将同时伴随有谐音提示。

USE SEAT BOTTOM CUSHION FOR FLOTATION

图 6.4　B737 – 700 乘客通知信号灯

6.2　照　明　系　统

飞机的灯光照明设备分为三类:机外照明、机内照明和应急照明。

机内照明系统是为飞机在夜间或复杂气象条件下飞行和准备时,为空地勤人员的工作或维护提供照明,并为旅客提供舒适而明亮的客舱环境。

6.2.1　驾驶舱照明

驾驶舱照明又分为普通照明、局部照明、仪表板或操纵台以及各仪表设备的照明。

驾驶舱系统的显示灯如果是暗淡或者判断是否暗淡,可以使用位于中央仪表板的 LIGHT 开关,把开关放置到位于试验位置的照明灯和位于暗淡位置照明灯进行比较。

一个可调亮度的整体仪表板灯和仪表板灯在头顶面板上位于前头顶面板用 PANEL 做标记。

6.2.2　客舱照明

客舱照明由白炽和荧光灯提供,由顶灯、壁灯和夜灯组成;阅读灯、壁柜灯、乘务员工作灯、盥洗室灯和厨房照明作为补充。

头等舱、公务舱客舱照明控制电门位于前乘务员控制面板,经济舱客舱照明控制电门位于后乘务员控制面板。

(1) 阅读灯:每个乘客座位的阅读灯及控制电门均安装于乘客服务单元。

(2) 盥洗室照明:盥洗室使用荧光灯照明。飞机在地面,系统由地面服务电源供电时,无论盥洗室门在任何位置,盥洗室照明均保持明亮。在空中,盥洗室门打开时,灯光强度为暗亮;盥洗室门锁闭时,灯光强度为明亮。

盥洗室门打开处安装有用于盥洗室门未锁闭时可人工接通照明至明亮的超控电门。

(3) 工作灯:每个乘务员工作区设有一个工作灯,其控制电门安装于相应乘务面板。

(4) 厨房照明:前厨房灯电门有高、低两个控制位置。电门安装于前厨房区域。后厨房由区域灯照明,其控制电门安装于后乘务面板。

(5) 衣橱灯:在需要时,接通衣橱灯照明。

(6) 入口灯:位于每个登机门和服务门处,门打开时,该处的灯自动提供照明,门关闭时则自动熄灭;驾驶舱门的照明,由一个位于驾驶舱门上方的无影灯提供,当驾驶舱门打开,灯就熄灭,反之就亮;这是为防止夜间客舱灯光进入驾驶舱而设计的,如图 6.5 所示。

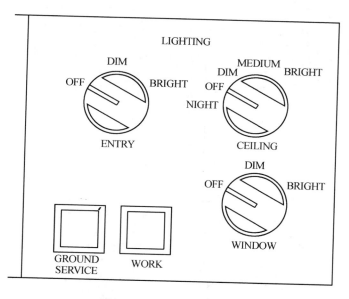

图 6.5 B737 - 700 入口灯

6.2.3 应急照明

应急照明灯是在应急情况下照明主客舱、应急出口指示牌、紧急滑梯及其附近区域、大翼上表面的应急撤离区。

应急照明灯分为轻便应急灯和固定应急灯两类。

通常由驾驶舱应急照明电门(图 6.6)控制。飞行前,应将电门置于预位;在该位置,如失去所有交流电源,将自动接通内、外应急照明系统(图 6.7);任何时候,驾驶员可将应急灯电门置于接通位,以提供应急照明;安装于前乘务面板的应急灯电门可操控驾驶舱控制电门;电门接通即可提供应急照明。

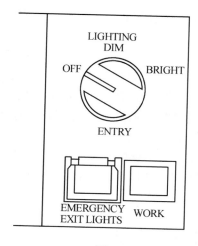

应急照明电门(保险式)

按压——接通所有应急

灯照明

图 6.6 B737 - 700 应急照明电门

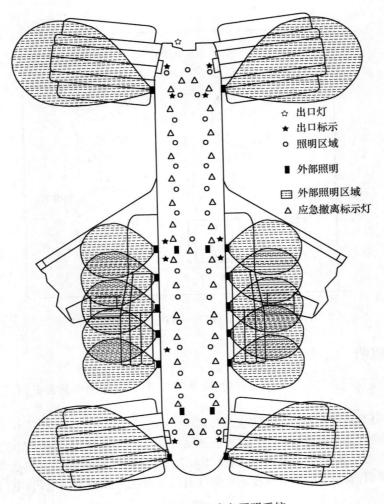

图 6.7　B767-300 应急照明系统

（1）"准备"位：正常飞行时放此位，紧急情况时自动亮；

（2）"开"位：检查时放此位；

（3）"关"位：离开飞机时放此位。

内部应急灯包括舱门灯、过道灯、撤离路线指示灯、出口灯和荧光出口标志。

撤离路线标示灯安装于左侧乘客座椅下方，沿过道间隔排列。如由于烟雾使所有客舱过道1.5m以上的灯光变得模糊不清时，接通应急灯电门提供撤离路线照明。同时行李架应急灯可提供过道照明。由电瓶供电的出口灯位于每个客舱出口的位置。

外部应急灯提供撤离滑梯照明。应急灯安装于每个登机门和服务门后部机身两侧，用于提供撤离滑梯照明。滑梯放出后应急灯自动接通。安装于机翼附近机身两侧的两个应急灯提供机翼撤离路线和接地区域照明。

6.3　空　调　系　统

空调系统中有组件流量控制、组件冷却系统、区域温度控制、再循环系统即空气分配管路几个基本部分。它们的主要作用是：
（1）通过控制空气流量来控制机舱压力及换气；
（2）控制驾驶舱及客舱温度；
（3）客舱空气再循环流通。

6.3.1　组件流量控制

组件流量控制用于控制进入飞机的新鲜空气流量。所需的空气流量是由机组及乘客的数量和泄漏的空气流量决定的，并且要大于飞机增压所需的空气流量。通常，左右两部组件流量控制系统给飞机提供同样的空气流量，流量的大小随飞机的飞行状态改变而改变。

6.3.2　组件冷却系统

组件冷却系统主要由左右两部分组成，它的主要作用是调节新鲜空气的温度，并除去空气中的水分。左组件一般单独为驾驶舱提供冷却后的空气，以保证驾驶舱的温度，而右组件主要为客舱服务。空调/引气控制面板用来指示和控制冷却系统。

6.3.3　区域温度控制

区域温度控制将飞机内部的温度分成驾驶舱和客舱两个区域分别控制。当需要改变舱内温度时，温度调节器就会发送信号到混合活门，以改变混合空气的比例，从而改变进入机舱的空气温度。

6.3.4　再循环系统

为减少气源系统的负载，减少燃油消耗，提高飞机的经济性，再循环系统将机舱内 50% 的空气过滤后再次利用。这个系统主要由再循环风扇和空气滤两个部分组成。

6.4　水/废水系统

机上水系统包括饮用水系统（图 6.8）和污水系统。污水系统包括废水系统和马桶污水系统。

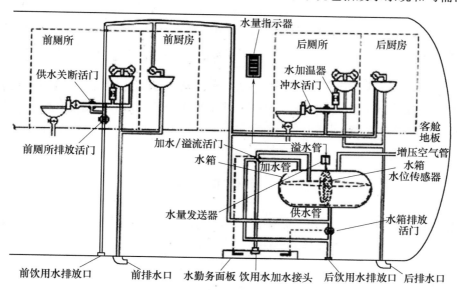

图 6.8　飞机饮用水系统

废水系统收集厨房和厕所洗手盆用过的废水和舱门门槛处的雨水,并通过排放口排到机外;马桶污水系统抽吸冲刷马桶后的污水,将其暂时存储在污水箱内,飞机勤务时由污水车抽走。

6.4.1 废水排放系统

在厕所和厨房分别设置了废水排放口,通过机身下部装有废水排放竖管,排出机外。

另外,在登机门和厨房勤务门的门槛内侧,地板上设有雨水收集沟,收集沟两端有排水孔连接到废水排放管道,经过一个储水囊,连接到机外排水口。

6.4.2 马桶污水系统

每个厕所都有一套马桶污水系统,来存储冲刷马桶的污水。许多飞机厕所采用更加卫生、省水的真空污水系统。冲洗马桶的水不是来自污水箱内的污水,而是来自饮用水系统的洁净水,大大改善冲洗的卫生条件。

冲洗后,所有污物进入污水箱储存起来,当飞机在地面时,可通过污水车抽走污水箱内的污物,并通过清洗接头对污水箱进行清洗。

6.4.3 饮用水系统

飞机上的热水都是来自客舱厨房里的漏水壶或者烧水器,为了防止水垢堵住出水口,机务都会经常清洗这两个设备。而咖啡壶、茶壶则由乘务员在使用后进行简单的清理,然后再由航食部门在航后统一回收进行认真的清洗和消毒再配上飞机。此外,一般能够加上飞机的饮用水都是将自来水经过严格的选择和消毒,才加进加水车,加水车里再用氯胺 T 药片杀菌,然后用余氯速测试剂(DPD 药片)或特定仪器检测水车里的氯胺离子含量,如果合格(0.3mg/L ~ 0.5mg/L)才可以加到飞机上。

在飞机上,按照机型的不同会有一个或者数个水箱用来装载饮用水。水箱材料是玻璃纤维,由隔热层保护,以防止结冰。为了防止细菌滋生污染,飞机水箱的消毒则更加严格。每天航后勤务人员都要将水箱里的水排放干净,同时按照专门的水消毒程序,每星期至少一次对飞机饮用水系统进行清洗和消毒。一般可用消毒用次氯酸钙、次氯酸钠或者次氯酸钠和柠檬酸按比例调配,通过地面勤务水车,加进飞机饮水系统,让它在系统里停留 10s,然后对整个水系统管路(水箱、厨房)排空,再加满纯净的饮用水对饮用水系统管路进行浸泡,接着来回排放几次进行冲洗,直到没有异味为止。

在飞机厨房的饮用水出口前,安装有一个活性炭水滤,能有效去除自来水中的可能存在的氯、杂质、铁锈、重金属等对人体有害的物质及异味,过滤细菌、病毒、胶体等,保留有益矿物质和微量元素,提高水质,增加水的口感,起到把好最后一个关口的作用。每两个星期就必须更换一次活性炭水滤。

6.5 警告信号系统

警告信号系统是用来警告空勤人员发生了飞机形态改变或影响飞机系统工作的情况。

警告系统的工作方式分为:灯光式、音响式、文字信息式。

6.5.1 灯光式

灯光式警告信号系统包含信号灯、信号灯盒和主警告系统。

1. 信号灯

通过不同颜色的灯光来显示系统的不同工作状态。

（1）指示灯：绿色、蓝色或白色，用来指示系统运行正常或处于安全状态，有时也用来指示某个飞机部件的位置。

（2）提醒灯：琥珀色或黄色，用来指示系统工作不正常而需引起注意，但不一定是危险的情况。

（3）警告灯：红色，用来向飞行人员发出不安全情况的紧急信号，需立即采取纠正措施。警告灯或提醒灯燃亮时是闪亮的，同时还伴随有相应的音响警告，这种信号灯又叫"引起注意灯"。

2. 信号灯盒

由两个或两个以上的信号灯组合成的集合装置。一般安装在驾驶舱遮光板上，处于机组人员的视线范围内，便于观察。

信号灯灯罩上一般还写有各系统名称，以便于迅速确定故障来源。一般由统一的调光装置来调节其显示亮度。

安装有检灯装置来检查信号灯灯泡及其电路工作的可靠性。

3. 主警告系统

将各系统或局部面板内信号灯的信号通过主警告灯或主提醒灯引入到机组人员的视线范围内。

主警告灯和主提醒灯可通过按压灯罩而使其熄灭，但信号板上的信号灯仍保持亮，直到该系统的故障排除后才能熄灭。

6.5.2 音响式

通过听觉刺激来提醒或警告机组人员，系统处于不安全的状态，分为警铃、谐音、话音。

6.5.3 文字信息式

文字信息在现代大、中型飞机上的电子飞行仪表显示系统（EFIS）和发动机指示和机组警告系统（EICAS）的显示器上显示。

根据信息的等级以不同的颜色显示。

6.5.4 近地警告系统

近地警告系统（Ground Proximity Warning System，GPWS）或增强型近地警告系统（Enhanced Ground Proximity Warning System，EGPWS）由近地警告计算机、警告灯和控制板组成。核心是近地警告计算机，一旦发现不安全状态就通过灯光和声音通知驾驶员，直到驾驶员采取措施脱离不安全状态时信号终止。

近地警告系统主要把危险状况分为六种方式警告：下降速度过大；对于地面的接近速率过大；起飞或复飞爬高时襟翼下放得太小；飞机离地高度不够；飞机进近时，下滑道向下偏离；风切变。

近地警告系统通过驾驶舱内的扬声器向驾驶员发出声音报警，警告系统的主指示灯发出报警指令，并在电子飞行仪表系统上显示警告信息。

按中国民航总局要求，从 2005 年 1 月 1 日起，我国所有最大审定起飞重量超过 15000kg 或客座数超过 30 的涡轮发动机飞机，都要安装 EGPWS 系统。

6.6 音频综合系统

民航飞机通信系统是使飞机在飞行的各阶段中和地面的航行管制人员、签派、维修等相关人员保持双向的话音和信号的联系,也提供了飞机内部人员之间和与旅客联络的服务。主要分为甚高频通信系统、高频通信系统、选择呼叫系统和音频综合系统。

音频综合系统(AIS)包括机组人员之间的通话、对旅客的广播或电视等娱乐播放以及飞机在地面时机组和地面维护人员之间的通话,分为飞行内话系统、勤务内话系统、客舱广播及娱乐系统、呼唤系统。

6.6.1　飞行内话系统

驾驶员使用音频选择盒,把话筒连接到所选择的通信系统,向外发射信号,同时使这个系统的音频信号输入驾驶员的耳机或扬声器中,也可以用这个系统选择收听从各种导航设备传来的音频信号或利用相连的线路进行机组成员之间的通话。

6.6.2　勤务内话系统

在飞机上各个服务站位,包括驾驶舱、客舱、乘务员、地面服务维修人员站位上安装的话筒或插孔组成的通话系统,机组人员之间和机组与地面服务人员之间利用勤务内话系统进行联络,如地面维护服务站位一般是安装在前起落架上方,地面人员将话筒接头插入插孔就可进行通话。

6.6.3　呼唤系统

呼唤系统由各站位上的呼唤灯和谐音器及呼唤按钮组成,与内话系统相配合,各内话站位上的人员按下要通话的站位按钮,那个站位的扬声器就会发出声音或接通指示灯,以呼唤对方接通电话。

呼唤系统还包括旅客座椅上呼唤乘务员的按钮和乘务员站位的指示灯。

6.7　防　火　系　统

现代飞机上都有专门的防火系统,当飞机发生火险后能迅速扑灭火源。防火系统包括火警探测系统和灭火系统。火警探测系统由发动机和辅助动力装置火警探测、货舱温度、烟雾探测、机轮舱和引气管道过热探测等组成。灭火系统分别由灭火剂贮存、灭火剂释放等组成。防火系统需要定期检查,并测试保证系统的可靠性,一旦发生火险必须迅速扑灭火源。

6.7.1　火警探测系统

火警探测系统的工作原理是将着火发生时的特征物流量转换成电信号,超过阈值时,接通火险报警。

按照探测部位的不同,火警探测系统可以分为单元型和连续型两种。单元型火警探测器用于探测最有可能发生火险处的部位温度,是点探测器,分为熔化—连接开关和热电偶探测器两种。连续型火警探测器可以对可能的防火区域进行全方位的探测,是面探测器。系统通过电线或管路围绕防火区形成探温环路,分为电阻型和电容型两种。电阻型探温环路在正常温度下,环路内通过微量电流不足以触动火警警告,温度上升时,因为材料的负温度电阻特性,电流超过预定值,接通火警警告电路。电容型探温环路利用温度和电容同比的特性探测火警,与电阻式相比,优点是探温环路在接地或短路时不会产生错误的火警信号。

烟雾探测系统安装在飞机的货舱、设备舱、厕所等处,利用探测燃烧烟雾来判断火险是否存在,包括 CO 探测和烟雾探测。CO 探测器用于客舱和驾驶舱的火警探测。飞机燃烧时产生大量的CO,通过指示器的变色来判断 CO 浓度,进而判断火警。烟雾探测器分为光电池型和电离型两种。

光电池型烟雾探测器中有烟雾时,烟雾微粒被光线照射反射,引起光电池产生电流,经放大后接通警告灯和警铃。电离型探测器内有被电离的空气,当烟雾进入探测室内时,烟雾被吸附在空气离子上,会减弱空气的电离度。

火警探测系统在使用中经常会发生虚假火警,但若为了减少虚警而提高报警阈值又有可能漏报火警,引起严重的后果。因此,有专门的火警试验电路,用来定期测试检查系统的探温环路工作是否正常。

6.7.2　灭火系统

火警探测系统发现火警发出声音和灯光警告,驾驶员操作灭火手柄激励电爆管引爆灭火剂释放口,将灭火剂释放到相应区域。

当火警探测系统没有触发火警信号,灭火瓶温度过高时,易熔塞熔化,灭火瓶释放压力,自动排出灭火剂。此时,红色的灭火瓶释放,指示器标贴被吹掉。

6.8　思考题

1. 飞机客舱内的通信系统主要包括哪些?
2. 客舱内话系统可以提供哪些呼叫?
3. 客舱广播的优先顺序如何?
4. 飞机的灯光照明系统分为几类?
5. 客舱照明系统提供哪些灯光照明?
6. 内部应急照明和外部应急照明分别指什么?
7. 飞机空调系统的主要作用是什么?
8. 警告信号系统的工作方式分为几类?
9. 按照探测部位的不同,火警探测系统可以分为哪两种? 阐述烟雾报警系统的功能。

第7章 客舱设备常见故障处理

7.1 乘务员折叠式座椅故障

（1）主任乘务长/乘务长必须报告机长。
（2）损坏的客舱乘务员座位不能安排任何人员就座。
（3）该席位客舱乘务员应被安排在距离损坏座椅最近的客舱座位上，其职责不变。
（4）该客舱乘务员就座的客舱座位应注明：限客舱乘务员使用。
（5）将该故障填写在《客舱维修记录本》和《乘务日志》上。

7.2 登机门故障

（1）主任乘务长/乘务长应报告机长。
（2）根据最低设备放行清单限制旅客数量。
（3）故障的登机门不得使用，客舱乘务员应随时监控该登机门。
（4）在该登机门的明显处贴挂"故障标牌"。
（5）调整坐于该登机门附近的旅客。
（6）通告旅客使用其他登机门。
（7）发生紧急情况时，客舱乘务员应留守该登机门，通告旅客使用其他有效出口撤离飞机。
（8）将故障填写在《客舱维修记录本》和《乘务日志》上。

7.3 内话机故障

（1）驾驶舱/客舱内话机出现故障时，可使用旅客广播系统，或乘务组与驾驶舱制定另一种通信联络方式。
（2）将故障填写在《客舱维修记录本》和《乘务日志》上。

7.4 乘客广播系统故障

主任乘务长/乘务长报告机长，制定与旅客联系的方式，并考虑旅客的座位安排和服务需要。联系的备份方式：个别简介、小组形式简介、使用扬声器。
同时将故障填写在《客舱维修记录本》和《乘务日志》上。

7.5 厨房非正常情况

情况一：开关跳出；烤箱异常声响或其他故障；烧水杯不能正常工作；烧水器不能正常工作；冷藏装置故障；电器接通电源后指示灯不亮。
处理：查阅《厨房火警》手册。

情况二:红色锁扣松动或脱落。

处理:通告机务人员;相应的储藏柜/区域不得存放任何物品。

情况三:下水道堵塞。

处理:禁止使用该水槽。

情况四:水阀门失效(出水不能关掉)。

处理:关断水阀门。

主任乘务长/乘务长将以上非正常情况报告机长并填写《客舱维修记录本》及《乘务日志》。

7.6 餐车故障

(1)在故障的餐车上贴挂"故障标牌"。

(2)将该故障填写在《乘务日志》上。

7.7 盥洗室非正常情况

非正常情况一:马桶冲刷手柄不能自动复位。

处理:拉出位于马桶外侧底部的人工关闭手柄。

非正常情况二:洗漱池水阀门故障。

处理:转动供水阀门至仅供抽水马桶位或关断位。

非正常情况三:出现烟雾或烟雾探测器鸣叫;温度指示标牌的颜色由灰白变黑。

处理:倒空废纸箱,关闭盥洗室,除机组成员检查外,不作任何使用。

非正常情况四:自动灭火装置的两个喷嘴颜色由黑变白;水加热器火警。

处理:客舱乘务员必须熟知该盥洗室最近距离的灭火器位置,查阅手册"盥洗室火警"。

非正常情况五:水加热器故障。

处理:将水加热器电门拨至关断"OFF"位。

非正常情况六:内外盥洗室门上的烟灰缸不全。

处理:倒空废纸箱,挂上故障标牌,禁止旅客使用。

非正常情况七:盥洗室门不能正常开启。

处理:查阅手册"盥洗室"。

以上故障或不正常,客舱乘务员应报告主任乘务长/乘务长。

主任乘务长/乘务长将盥洗室的非正常情况报告机长并填写在《客舱维修记录本》和《乘务日志》上。

7.8 思考题

1. 试述登机门故障应如何处理?

2. 乘客广播系统发生故障,与乘客联系有哪几种备份方式?

3. 厨房的非正常情况一般有哪些?

4. 盥洗室门不能正常开启,应如何排除故障?

第三篇　客舱服务篇

第8章　民航乘务员职业标准与工作标准

8.1　民航乘务员职业标准简介

2006年11月3日劳社厅发[2006]27号文《关于印发民航乘务员等2个国家职业标准的通知》（以下简称《标准》）根据《中华人民共和国劳动法》，劳动和社会保障部、中国民用航空总局共同制定了民航乘务员国家职业标准（职业编码为4-05-03-01）。

8.1.1　职业概况

《标准》将民航乘务员定义为根据空中服务程序、规范以及客舱安全管理规则在飞机客舱内为旅客服务的人员。本职业共设四个等级，分别为：五级民航乘务员（国家职业资格五级）、四级民航乘务员（国家职业资格四级）、三级民航乘务员（国家职业资格三级）、二级民航乘务员（国家职业资格二级）。

民航乘务员的职业能力特征为具有较强的表达能力和观察、分析、判断能力；具有一定的空间感和形体知觉、嗅觉；手指、手臂灵活，动作协调；身体无残疾，无重听，无口吃，无色盲、色弱，矫正视力5.0以上；男性身高1.74m以上，女性身高1.64m以上；无犯罪和不良记录。

民航乘务员的基本文化程度要求为高中毕业（或同等学历）。培训期限要求为：全日制职业学校教育，根据其培养目标和教学计划确定。晋级培训期限：五级民航乘务员不少于300标准学时；四级民航乘务员不少于200标准学时；三级民航乘务员不少于180标准学时；二级民航乘务员不少于100标准学时。

鉴定要求：

1. 适用对象

从事或准备从事本职业的人员。

2. 申报条件

（1）五级民航乘务员（具备以下条件之一者）：

① 经本职业五级正规培训达规定标准学时数，并取得《客舱乘务员训练合格证》。

② 在本职业连续见习工作1年（含）以上。

（2）四级民航乘务员（具备以下条件之一者）：

① 取得本职业五级职业资格证书后，连续从事本职业工作2年以上，经本职业四级正规培训达规定标准学时数，并取得结业证书。

② 取得本职业五级职业资格证书后，连续从事本职业工作4年以上。

③ 连续从事本职业工作6年以上。

④ 中专（含）以上本专业及大专（含）以上非本专业毕业生，连续从事本职业工作2年以上，经本职业四级正规培训达规定标准学时数，并取得培训合格证书。

（3）三级民航乘务员（具备以下条件之一者）：

① 取得本职业四级职业资格证书后，连续从事本职业工作 3 年以上，经本职业三级正规培训达规定标准学时数，并取得结业证书。

② 取得本职业四级职业资格证书后，连续从事本职业工作 5 年以上。

③ 连续从事本职业工作 10 年以上。

④ 大专（含）以上本专业毕业生，连续从事本职业工作 5 年以上，经本职业三级正规培训达规定标准学时数，并取得培训合格证书。

（4）二级民航乘务员（具备以下条件之一者）：

① 取得本职业三级职业资格证书后，在重型宽体客机上担任带班乘务长 5 年以上，经本职业二级民航乘务员正规培训达规定标准学时数，并取得结业证书。

② 取得本职业三级职业资格证书后，连续从事本职业工作 9 年以上。

③ 取得本职业三级职业资格证书后，连续从事本职业工作 7 年以上，经本职业二级民航乘务员正规培训达规定标准学时数，并取得结业证书。

3. 鉴定方式

分为理论知识考试和技能操作考核。理论知识考试采用闭卷笔试方式，技能操作考核采用模拟现场操作和口试等方式。理论知识考试和技能操作考核均实行百分制，成绩皆达到 60 分及以上者为合格。

各级民航乘务员技能操作考核分为 3 个 ~ 4 个鉴定模块，每个模块的考核成绩均达到本模块分值的 60%（含）以上为合格。

二级民航乘务员还须进行综合评审。

4. 考评人员与考生配比

理论知识考试考评人员与考生配比为 1∶15，每个标准教室不少于 2 名考评人员；技能操作考核考评员与考生配比为 1∶3，且不少于 5 名考评员；综合评审委员不少于 5 人。

5. 鉴定时间

理论知识考试时间为 90 分钟；技能操作考核时间不少于 40 分钟；综合评审时间不少于 30 分钟。

6. 鉴定场所设备

理论知识考试在标准教室进行；技能操作考核在乘务模拟舱中进行。

8.1.2　基本要求

1. 职业道德

1）职业道德基本知识

2）职业守则

① 遵纪守法，诚实守信。

② 爱岗敬业，忠于职守。

③ 保证安全，优质服务。

④ 钻研业务，提高技能。

⑤ 团结友爱，协作配合。

2. 基础知识

1）民用航空及主要航空公司概况

① 中国民用航空概况。

② 中国主要航空公司概况。

③ 国际民航组织概况。

④ 国际航空运输概况。

2）地理知识

① 中国地理一般知识。

② 中国各省、自治区、直辖市、特别行政区简介。

③ 世界地理一般知识。

④ 世界部分国家、城市简介。

3．航行一般知识

1）航线知识

2）航空机械

3）航空气象

4）航空卫生

4．宗教礼俗

1）基督教

2）佛教

3）伊斯兰教

4）犹太教

5．各地礼俗

1）中国少数民族的风俗习惯

2）部分国家的风俗习惯

3）部分国家和地区的饮食习惯

4）部分国家的国花、国鸟和国树

5）重要节日

6．礼仪知识

1）仪容

2）仪表

3）仪态

4）礼貌

5）礼节

7．航空旅客心理常识

1）航空乘客心理研究的意义

2）马斯洛需求层次理论

3）心理服务的要素

4）乘务员心理品质的培养

8．机组资源管理

1）人为因素概述

2）机组资源管理概述

3）差错管理及预防对策

9．航空运输常识

1）旅客交运行李及手提物品规定

2）航班不正常情况的一般规定

3）客票使用的一般规定

4）订座的一般规定

5）退票的一般规定

10．相关法律法规

1）《中华人民共和国民用航空法》相关知识

2）《中华人民共和国安全生产法》相关知识

3）《中华人民共和国劳动法》相关知识

4）《中华人民共和国合同法》相关知识

5）《中华人民共和国治安管理处罚法》相关知识

8.1.3　工作要求

本标准对五级、四级、三级和二级民航乘务员的专业能力要求依次递进，高级别涵盖低级别的要求。

1．五级乘务员

职业功能	工作内容	技能要求	相关知识
一、客舱服务	（一）旅客登机前准备	1．能检查经济舱、厨房、洗手间等服务设施状况 2．能检查经济舱食品、酒水、卫生等服务用品配备状况 3．能检查经济舱卫生状况	1．预先准备程序及要求 2．服务设施检查标准 3．服务设施管理标准及要求 4．客舱服务管理 5．清舱规定
	（二）起飞前准备	1．能迎接旅客并引导入座 2．能为旅客提供报纸、杂志 3．能指导旅客摆放行李 4．能操作客舱门分离器	1．旅客行李物品存放与保管的要求 2．特殊行李占座规定 3．报纸、杂志分发程序及标准 4．分离器操作规定
	（三）空中服务	1．能在正常情况下进行两种语言广播 2．能指导旅客使用客舱服务设施 3．能保持经济舱客舱、厨房、洗手间清洁 4．能指导旅客填写短程航班海关、边防、检疫申报表 5．能为老年、有成人陪伴儿童等旅客提供服务 6．能判断和处理晕机、压耳等机上常见病 7．能用两种语言回答航班时刻、飞行距离等航线知识的问询	1．正常情况下广播要求 2．服务设施操作规范 3．客舱服务管理规定 4．短程航班海关、边防、检疫相关规定 5．特殊旅客服务要求 6．机上常见病处置方法 7．航线知识
	（四）餐饮服务	1．能识别橙汁、可乐等常见饮料中英文名称 2．能为经济舱旅客冲泡茶水、咖啡 3．能为经济舱旅客提供酒水服务 4．能识别特殊餐食的代码 5．能烘烤经济舱餐食 6．能为经济舱旅客提供餐食	1．饮料定义和分类知识 2．经济舱饮料服务标准及要求 3．经济舱茶、咖啡冲泡的要求及方法 4．特殊餐食代码和供应标准 5．烘烤餐食的方法和要求 6．经济舱餐食服务标准
	（五）落地后管理	1．能处理飞机滑行期间旅客站立、开启行李架等不安全行为 2．能对经济舱客舱、厨房、洗手间进行清舱检查	1．落地后安全管理规定 2．清舱规定

职业功能	工作内容	技能要求	相关知识
二、安全保障	（一）应急设备检查与使用	1. 能识别应急设备标示及中英文名称 2. 能检查和使用灭火瓶、氧气瓶应急设备 3. 能在正常和应急情况下开启、关闭舱门、应急出口	1. 应急设备中英文名称 2. 应急设备标示的识别 3. 舱门、应急出口操作标准要求 4. 应急设备的使用和注意事项
	（二）安全介绍	1. 能进行氧气面罩、救生衣等客舱安全演示 2. 能对出口座位旅客进行资格评估 3. 能向老人及儿童等特殊旅客作个别简介	1. 客舱安全简介内容及方法 2. 客舱安全演示规范动作的要求 3. 出口座位管理的要求 4. 对旅客的安全简介
	（三）安全检查	1. 能对旅客安全带、行李架等进行客舱安全检查 2. 能对经济舱客舱、厨房、洗手间设备进行安全检查 3. 能处理旅客吸烟等违规行为	1. 旅客行李物品存放的要求 2. 便携式电子设备使用限制的要求 3. 禁烟规定要求 4. 客舱安全检查标准及要求 5. 进、出驾驶舱的有关规定 6. 飞机应急撤离能力 7. 飞行关键阶段
三、应急处置	（一）失火处置	1. 能处置烧水杯失火 2. 能处置烤箱失火 3. 能处置洗手间失火	失火处置方法
	（二）释压处置	1. 能判断客舱释压现象 2. 能指导、帮助旅客应对客舱释压 3. 能在释压后巡视客舱并救助旅客	客舱释压处置的工作要求和原则
	（三）应急撤离	1. 能进行陆地有准备的应急撤离 2. 能进行水上有准备的应急撤离 3. 能进行无准备的应急撤离	1. 应急撤离程序 2. 撤离时的指挥口令 3. 撤离后工作程序 4. 能引导旅客到达安全地带

2. 四级乘务员

职业功能	工作内容	技能要求	相关知识
一、客舱服务	（一）旅客登机前准备	1. 能检查头等舱、公务舱旅客服务设施状况 2. 能检查头等舱、公务舱食品、酒水等服务用品配备状况 3. 能检查视、音频工作状态 4. 能核对机上免税品配备状况 5. 能调控客舱灯光	1. 机长职责及权限 2. 预先准备程序及要求 3. 头等舱、公务舱服务设施检查标准和操作规范 4. 头等舱、公务舱服务用品配备标准 5. 视音频检查标准 6. 免税品管理规定 7. 客舱灯光调节标准
	（二）起飞前准备	1. 能为头等舱、公务舱旅客提供迎宾服务 2. 能签收和交接业务袋、货单等随机文件 3. 能组织客舱门分离器操作	1. 登机音乐规定 2. 头等舱、公务舱旅客登机时的工作要求 3. 公邮、货单、票证箱等的签收和交接规定 4. 分离器操作规定

职业功能	工作内容	技能要求	相关知识
一、客舱服务	（三）空中服务	1. 能在航班延误、清点旅客等特殊情况下进行两种语言广播 2. 能为重要旅客、无成人陪伴儿童等特殊旅客提供服务 3. 能为轮椅、盲人等残障旅客提供服务 4. 能指导旅客填写远程航班海关、边防、检疫申报表 5. 能按规定销售免税品 6. 能处理航班延误、餐食质量等一般问题的投诉 7. 能用两种语言回答旅客有关中转、订座、改签和行李等方面的问题 8. 能填写航班乘务组的交接单 9. 能按要求对飞机喷洒药物	1. 特殊情况下广播要求 2. 特殊旅客服务要求 3. 个人折叠式轮椅的运输规定 4. 远程航班海关、边防、检疫规定 5. 免税品销售规定 6. 一般投诉处理方法 7. 衣物污损处理规定 8. 更换座位规定 9. 冷藏药品规定 10. 遗失物品规定 11. 国内/国际航线知识 12. 中国民航主要航空公司二字代码 13. 航空运输知识 14. 乘务组交接管理规定 15. 飞机喷洒药物规定
	（四）餐饮服务	1. 能提供头等舱、公务舱酒水服务 2. 能识别西餐中英文名称 3. 能识别各种面包的中英文名称 4. 能提供国内头等舱、国际短程头等舱餐食服务 5. 能提供国内/国际公务舱餐食服务 6. 能提供犹太餐、儿童餐等特殊餐食服务	1. 酒水服务标准及要求 2. 头等舱、公务舱热饮冲泡的要求及方法 3. 国内头等舱、国际短程头等舱餐食服务标准 4. 国内/国际公务舱餐食服务标准 5. 烘烤餐食的方法和要求 6. 西餐餐谱中英文名称 7. 特殊餐食代码和供应标准
	（五）落地后管理	1. 能组织乘务组航后进行讲评 2. 能填写乘务日志	1. 航后讲评会要求 2. 乘务日志填写规定
二、安全保障	（一）应急设备检查	1. 能组织检查客舱应急设备 2. 能填写《客舱设备维修记录本》	1. 客舱应急设备检查标准、方法及报告程序 2. 《客舱设备维修记录本》填写规定
	（二）特殊情况处置	1. 能处理旅客争抢座位、行李架等纠纷 2. 能处理酗酒滋事旅客行为	1. 旅客不当行为处理原则 2. 旅客非法行为处理原则 3. 进入驾驶舱人员的限制
三、应急处置	（一）失火处置	1. 能处置衣帽间、机组休息室失火 2. 能处置客舱壁板失火 3. 能处置 B–747COMBI 型飞机机内货舱失火 4. 能组织乘务员进行机上灭火	1. 失火处置程序 2. 与机长和乘务员的联络方式 3. 灭火结束后的善后处理
	（二）客舱释压	能组织乘务员进行释压处置	1. 释压警告信号、处置方法 2. 与机长和乘务员的联络方式 3. 释压结束后的善后工作
	（三）应急撤离	1. 能指挥乘务员进行应急撤离前客舱准备 2. 能指挥乘务员进行应急撤离 3. 能在应急情况下用两种语言进行广播	1. 应急撤离的原则和程序 2. 与机组的联络方式 3. 安全地带选择的要求 4. 应急情况下广播要求

职业功能	工作内容	技能要求	相关知识
三、应急处置	（四）反劫机处置	1. 能使用机组联络暗语通报情况 2. 能稳定劫机者情绪 3. 能按反劫机处置预案进行处置	1.《中华人民共和国安全保卫条例》部分条款 2.《中华人民共和国刑法》关于对劫机犯处罚条款 3. 反劫机处置预案 4. 海牙公约《制止非法劫持航空器公约》部分条款
	（五）应急医疗处置	1. 能处置晕厥、休克、癫痫等机上常见病 2. 能实施心肺复苏 3. 能实施止血、包扎、固定、搬运等外伤急救 4. 能签收、固定旅客医用氧气瓶	1. 机上常见病症处置方法 2. 机上急救设备 3. 一般应急医疗知识 4. 特需应急医疗知识 5. 旅客医用氧气运输规定
	（六）危险品处置	1. 能识别易燃液体、腐蚀性物品等危险品标识和标签 2. 能按规定程序报告机上危险品位置、外观、体积、数量等信息 3. 能使用生化隔离包	1. 国内、国际有关危险品的法律和法规 2. 危险品运输的一般宗旨和限制条款 3. 机上危险品事故应急处置程序及方法

3. 三级乘务员

职业功能	工作内容	技能要求	相关知识
一、客舱服务	（一）空中服务	1. 能处理旅客因飞机周转造成延误、更换机型等投诉 2. 能处理遣返旅客、无签证过境旅客等特殊情况 3. 能为担架旅客提供服务	1. 与旅客沟通技巧 2. 非正常旅客处理规定 3. 担架旅客运输规定 4. 中国民用航空旅客、行李国际运输规则 5. 世界部分航空公司二字代码
	（二）餐饮服务	1. 能提供国际远程航班头等舱餐食 2. 能调制血马利、金汤尼等鸡尾酒 3. 能识别各种色拉汁的名称及产地 4. 能识别各种奶酪的名称及产地	1. 国际远程航班头等舱供餐标准 2. 鸡尾酒的调制方法及调制程序 3. 色拉汁的名称及产地 4. 奶酪的名称及产地
二、安全管理	（一）设备管理	1. 能处理空中舱门漏气、内话机等客舱设备故障 2. 能使用自动体外除颤仪等极地运行设备	1. 空中舱门漏气、内话机故障、安全带禁止吸烟信号灯故障的处理方法 2. 极地运行规范要求
	（二）特殊情况处置	1. 能处理旅客故意伤害他人、盗窃损坏机上应急设备、设施等非法行为 2. 能处理旅客寻衅滋事、破坏公共秩序等不当行为 3. 能固定失能的机组人员 4. 能填写机上事件报告单	1. 旅客非法行为处置程序 2. 旅客不当行为处置程序 3. 机上指挥权接替 4. 机组人员失能处置程序 5. 重大事件报告程序 6. 东京公约《关于在航空器内犯罪和某些其他行为的公约》 7. 蒙特利尔公约《制止危害民用航空安全的非法行为的公约》

职业功能	工作内容	技能要求	相关知识
三、应急处置	（一）客舱排烟	能进行客舱烟雾的空中排放	客舱烟雾的空中排放程序
	（二）应急撤离	1. 能用天然材料组成地对空求救信号 2. 能用手电筒、反光镜等工具发出求救信号 3. 能寻找可食用的食物和水源	1. 应急求救信号与联络方式 2. 求生工具的使用方法 3. 陆地、水上、丛林、极地求生技巧
	（三）应急医疗处置	1. 能处理痢疾、流行性感冒等常见传染病 2. 能处理食物中毒、气道堵塞等机上常见病 3. 能处理机上死亡事件 4. 能填写机上急救报告单	1. 传染病种类、症状及预防措施 2. 食物中毒、气道堵塞等机上常见病处置方法 3. 机上死亡事件处置方法 4. 机上急救报告单填写规定
	（四）危险品处置	能运用《飞行中客舱内危险品事故征候检查单》对机上危险物品进行处置	危险品运输知识
四、培训指导	（一）指导操作	能指导五级、四级民航乘务员进行实际操作	培训教学基本方法
	（二）理论培训	能讲授本专业理论知识	

4. 二级民航乘务员

职业功能	工作内容	技能要求	相关知识
一、服务管理	（一）组织与实施	1. 能编写客舱服务计划方案及实施办法 2. 能按照实际需要提出人员调配和岗位设置的建议方案 3. 能组织、开展客舱服务演练 4. 能制定乘务员各岗位工作标准、考核办法 5. 能对航班服务质量进行评估，提出改进方案 6. 能组织开发服务产品	1. 服务计划制定要求 2. 客舱乘务员行业标准 3. 航班服务质量调查方法 4. 航班检查的工作方法 5. 服务产品开发知识
	（二）情况处置	1. 能分析航班服务存在问题的原因，并提出解决措施 2. 能提出专、包机服务方案的具体措施，并监控和总结	1. 旅客心理学 2. 公共关系能力在客舱服务工作中的应用 3. 机组资源管理知识
二、安全管理	（一）组织与实施	1. 能提出有关客舱空防安全的措施和建议 2. 能编写客舱安全预案 3. 能组织实施应急撤离演练	1.《中华人民共和国民用航空法》 2.《中华人民共和国航空安全保卫条例》 3.《大型飞机航空运输承运人运行合格审定规则》
	（二）情况处置	1. 能分析航班工作中存在客舱安全问题的原因并提出解决办法 2. 能在突发应急医疗事件中指挥、组织、协调乘务员有序工作 3. 能在劫机、炸机等突发应急事件进行处置	1. 应急医疗知识 2.《中华人民共和国治安管理处罚法》 3.《中华人民共和国刑法》关于对劫机犯的处罚 4. 国际民用航空公约（芝加哥文件）

职业功能	工作内容	技能要求	相关知识
三、培训指导	（一）理论培训	能编写培训大纲、教案	1. 职业培训的辅助设备、要求 2. 培训教案及大纲
	（二）指导操作	1. 能指导三级民航乘务员进行实际操作 2. 能指导新晋级的主任乘务长进行实际操作	
	（三）理论研究	1. 能编写服务产品计划书 2. 能为新机型引进提供客舱布局参考建议	1. 服务产品开发知识 2. 客舱布局知识 3. 客舱工作知识

8.1.4 比重表

1. 理论知识

项目		五级/%	四级/%	三级/%	二级/%
基本要求	职业道德	5	5	5	5
	基础知识	20	15	10	5
相关知识	客舱服务	25	30	30	—
	安全保障	25	20	—	—
	应急处置	25	30	25	—
	安全管理	—	—	20	40
	服务管理	—	—	—	40
	培训辅导	—	—	10	10
合计		100	100	100	100

2. 技能操作

项目		五级/%	四级/%	三级/%	二级/%
技能要求	客舱服务	30	40	30	—
	安全保障	30	20	—	—
	应急处置	40	40	40	—
	安全管理	—	—	25	45
	服务管理	—	—	—	45
	培训辅导	—	—	5	10
合计		100	100	100	100

8.2 民航乘务员工作标准

为了提供高质量的旅客服务,确保旅客、机组安全,工作标准包括四部分:飞行安全、客舱服务、乘务组工作、乘务员形象与合格要求。

8.2.1 飞行安全

1. 全程

（1）始终备有客舱乘务员手册、迫降时客舱准备简令纸、演示用设备、必要的应急设备,便于随时使用。

（2）了解和遵守中国民航法规。

（3）飞行前的 8 小时及全程中不得饮用含酒精类饮料。

（4）注意飞机内部情况。

（5）飞机在地面加油时,如出现异常烟雾或浓烈的油味,立即通知机组和地面人员。

（6）允许佩戴登机证件的检查员随意出入飞机。

（7）飞机在地面工作和滑行时,确保乘务员均匀分布在客舱各部位和位于可使用的机门附近。

（8）按要求广播规定的广播词。

（主任）乘务长还要做到:

（9）确保客舱广播的质量。

（10）确保机组人员有足够的饮料,避免缺水。

2. 登机前

（1）确认飞机廊桥、客梯车是否处于安全状态。

（2）根据要求参加机组准备会。

（3）在可封闭空间内,存放好乘务员行李、工作包。

（4）按规定,完成飞行前设备检查。

（5）全部准备工作必须在旅客登机前 30min 完成。（检查设备的有效性,可操作性并易于接近）。

（6）清舱工作完成后报告（主任）乘务长。

（主任）乘务长还要做到:

（7）参加机组准备会,向乘务组传达有关来自飞行机组的信息。

（8）确保飞行前对设备的检查（有效,可操作）。

（9）向地面机务或机组通报 CLB（Cabin Log Book）的异常情况。

（10）旅客在机上,飞机在加油时确保乘务员均匀分布在客舱各部位,利用广播系统提醒旅客禁烟和禁用手机。

（11）清舱工作完成后,报告机长,经机长同意后方可上客。

3. 登机时

（1）确认旅客登机时的乘务员站位。

（2）注意旅客登机情况,手提行李及行李摆放,载重限制。

（3）关好行李架,并锁定。

（4）如手提行李过大过重,通知地面工作人员进行处理。

（主任）乘务长还要做到:

（5）登机时,站在登机口迎客,与地面工作人员和驾驶舱保持联系,随时处理在登机时出现的任何问题。

4. 飞机推出前

（1）确认旅客登机数与舱单上的旅客数相符。

（2）确认出口座位旅客,根据需要简单向旅客介绍出口位置、操作方法及规定,提醒旅客阅读出口座位须知卡和安全须知卡,并报告（主任）乘务长。

（3）确认所有手提行李合理存放,行李架关好,并报告（主任）乘务长,确认出口畅通,确认旅客系好安全带,收直椅背、小桌板、脚蹬、打开遮阳板,固定好门帘。

（4）飞行滑行前,存放好所有服务用具,供餐物品,包括所有的餐车在固定位锁定,扣好餐车固定搭扣。

（5）在关门前,要收藏好门上的安全保护带。

（6）客梯、登机桥脱离飞机后,关门,将滑梯待命(预位),互相检查,报告(主任)乘务长"OK"。

（7）飞机推出前,乘务员确认旅客均按规定坐好,空座位上的安全带已扣上。

（主任）乘务长还要做到:

（8）报告机长机上一切准备就绪,旅客人数及有关文件到齐、请求关门,得到机长允许后方可关门。

（9）呼叫全体乘务员,要求做好机门的起飞前准备,并发出滑梯待命(预位)、相互检查的命令。

（10）收到各号位的已待命(预位)汇报后,报告机长,再次确认待命(预位)状况。

5. 飞机滑出

（1）飞行关键阶段,不准打扰机组,但如感到有异常状况,仍需及时通报机长。

（2）在每个航段之前,及时做好安全简介或播放安全简介录像,如需要,对旅客个别简介,包括那些视野受限制的座位上的旅客。

（主任）乘务长还要做到:

（3）确认已及时地作好了安全简介或播放了安全简介录像。

6. 起飞前

（1）完成客舱安全检查,收回杯子,检查安全带、座椅靠背、小桌板、遮阳板、行李架,存放好屏幕,确认厕所内无人,关闭厕所门并上锁。

（2）起飞前固定好厨房用品,检查锁定装置和刹车装置,并固定乘务员座位附近的装置。

（3）关闭除照明以外的所有厨房电源。

（4）调节客舱灯光。

（5）换上机上用鞋。

（6）除执行有关的安全工作①外,坐在指定的位置,系紧安全带、肩带,在整个滑行、起飞阶段,保持坐姿。

（主任）乘务长还要做到:

（7）客舱完成起飞前各项准备工作后,及时报告机长。（建议进入驾驶舱报告）。

（8）在前部的位置坐好,准备起飞。

7. 飞行中

（1）当安全带信号灯亮后,广播通知旅客系紧安全带或进行客舱安全检查。

（2）定时检查客舱,包括出口、厨房及厕所的安全状况。

（3）始终保持客舱内有乘务员。

（4）餐车在客舱内应始终有人看管,不使用时,确保餐车在收藏锁定状态。

8. 着陆前②

（1）完成客舱安全检查(如收回杯子,系紧安全带,检查座椅靠背,存放好小桌板,收好屏幕及耳机)确保厕所内无人,关闭厕所门并上锁。

---

① 安全性工作包括但不限于如下项目:
　□ 进行规定的客舱广播和安全简介。
　□ 进行安全检查,确认客舱和服务舱安全无误。
　□ 收回杯子等物。
　□ 固定好客舱和厨房设备。
　□ 帮助有要求的旅客。
　□ 处理客舱紧急情况。
　□ 根据机长的指示或乘务员自己的判断,进行有关飞机和相关人员的安全处置。
② 飞行机组发出准备着陆通知的时机是在着陆前至少三分钟,发出的方式是用 PA 系统或二下钟鸣声。

（2）着陆前固定好厨房设备,关闭厨房电源检查锁定装置和刹车装置。合理处理好废弃物,固定乘务员座椅周围的装置。

（3）着陆前/到达前,如有旅客未按规定坐好,并对乘务员的提醒不予理睬的应通知机长。

（4）当飞机下降到低于10000英尺(3000m),遵守"飞行关键阶段"的原则,但如感到有异常状况,仍需及时通报机长。

（5）调节客舱灯光。

（6）除执行有关的安全工作外,坐在指定的位置,系紧安全带、肩带,在整个下降、滑行阶段,保持坐姿。

（主任）乘务长还要做到:

（7）确认客舱已做好着陆前的各项准备工作后,及时报告机长。（建议进入驾驶舱报告）。

（8）在前部的（主任）乘务长位坐好,准备着陆。

9. 着陆后

（1）根据机长的指示或乘务员自己的判断,进行有关飞机和相关人员的安全处置。

（2）当客梯/登机桥靠近飞机时,做好开门准备,解除滑梯待命（预位）,互相检查,报告（主任）乘务长"OK"。

（3）换掉机上用鞋。

（4）清舱。

（5）在航班结束之前,乘务员不得擅自离机。

（主任）乘务长还要做到:

（6）呼叫全体乘务员,为开门做准备。发出:"滑梯解除待命（预位）①,相互检查"的命令。

（7）报告机长,确认"待命（预位）"解除情况,请请可否开门。

（8）得到机长允许,用"PA"向客舱广播:"所有机门已解除待命,可以开门"。

（9）确保所有的设备故障已登记在客舱记录本（或飞机技术记录本）上,完成（主任）乘务长、机长签名。

（10）确认飞行上有旅客时地面停留期间的乘务员配备数（中途站）。

8.2.2 客舱服务

1. 登机前

（1）根据要求参加机组准备会。

（2）完成飞行前设备检查,一旦发现设备有故障或短缺,及时通报地面机务处理。

（3）检查"CLB"中的故障处理情况。

（4）如时间允许与机组充分沟通。

（5）在可封闭的空间内,存放机组行李。

（6）确认厨房用具充足,旅客供应物品已装入飞机。

（7）清点餐食,并通知（主任）乘务长,签食品单。

（8）确认客舱,厕所整洁清况。

（9）清舱工作完成后,报告机长,得到机长同意后方可上客。

（10）为方便旅客,在登机前,确保行李架在打开位。

2. 登机时

（1）欢迎旅客登机。

---

① 滑梯待命（预位）系统的操作为"乘务工作的关键阶段",此阶段工作不应受任何其他因素的影响。

乘务员要做到：

（2）确保飞行前对设备的检查已完成。

（3）在客舱内，帮助旅客登机。

（4）帮助并向需特殊照顾的旅客作个别简介。

（5）地面时向头等、公务舱旅客提供饮料、毛巾。

（6）为头等舱、公务舱旅客挂衣服，注明座椅号、到达站。

（7）如时间允许，对所有舱位的旅客提供杂志、枕头、毛毯服务。

（8）飞机离地前禁止向旅客提供拖鞋、牙具袋等物品。

（主任）乘务长还要做到：

（9）确认客舱广播的情况。

（10）确认厨房设备完好，食品、供应品检查工作已完成。

（11）打开登机音乐、适时播放预录广播。

（12）如有任何延误信息及时通知旅客和机组。

3. 飞行推出前

（1）确认出口座位旅客，根据需要简单和旅客介绍出口操作方法及规定，提醒旅客阅读出口座位须知卡和安全须知卡，并报告（主任）乘务长。

（2）确认所有手提行李合理存放，行李架关好，餐车锁定，确认出口畅通，确认旅客系好安全带，收直椅背、小桌板、脚蹬，打开遮阳板。

（3）飞机滑行前，存放好所有服务用具，供餐物品，包括所有的餐车不在紧急出口处和客舱过道上。

（4）在关门前，要收藏好门上的安全保护带。

（5）舷梯、登机桥脱离飞机后，关门，滑梯待命（预位），互相检查，报告（主任）乘务长"OK"。

（6）飞机推出前，乘务员确认旅客均按规定坐好，已将空座位上的安全带扣好。

（主任）乘务长还要做到：

（1）报告机长机上一切准备就绪，旅客人数及有关文件到齐，请求关门，得到机长允许后方可关门。

（2）呼叫全体乘务员，要求作好机门的起飞前准备，并发出"滑梯待命（预位），相互检查"命令。

（3）收到各号位的"滑梯待命（预位）"汇报后，报告机长，再次确认"待命（预位）"状况。

（4）对全客舱进行检查，确认安全到位。

4. 飞机滑出

（1）进入飞行关键阶段后，不准打扰机组，但如感到有异常状况，仍需及时通报机长。

（2）在每个航段之前，及时做好安全简介或播放安全简介录像，如需要，对旅客作个别简介，包括那些视野受限制的座位上的旅客。

（3）在播放安全简介录像或安全示范时，停止一切客舱服务。

（主任）乘务长还要做到：

（1）确保旅客不受干扰地接受安全简介。

（2）确认已及时地作完了安全简介或播放了安全简介录像。

5. 起飞前

（1）完成客舱安全检查（收回杯子，检查安全带、座椅靠背、小桌板，存放好屏幕），确认厕所内无人,关闭厕所门并上锁。

（2）起飞前固定好厨房用品以及乘务员座位附近的装置,入座之前,再次确认冷藏间（箱）锁定装置和餐车的刹车装置,关闭厨房电源,A340-600 冷藏间电源无需关闭。

（3）调节客舱灯光。

（4）除执行有关的安全工作外,坐在指定的位置,系紧安全带、肩带,在整个滑行、起飞阶段,保持坐姿,做静默 30s 复查。

（主任）乘务长还要做到:

（1）确认客舱内已完成起飞前各项准备工作后,及时报告机长（建议进入驾驶舱报告）。

（2）在（主任）乘务长位置坐好,准备起飞。

6. 飞行中

（1）要求高质量地进行客舱广播。

（2）按规定的服务程序,以合适的方式,提供航班餐食/或饮料服务,机上录像、娱乐、免税品出售服务。

（3）机长和其他机组人员配备不同餐食,如配同种餐食,机长和其他机组人员应当间隔一小时进餐。

注:为驾驶舱机组供餐饮时,应避免餐饮的溢出和倾翻。

（4）服务中乘务组协调配合。

（5）及时调整客舱服务项目。

（6）确保合适的客舱灯光和舒适的客舱温度。

（7）在每次检查厕所卫生,补充厕所用品的同时,检查烟雾探测器的完好状况及废物箱的安全状况。

（8）适时巡视客舱,提供必要的旅客服务,提醒在座的旅客系好安全带。

（9）始终保持客舱内有乘务员。

餐车在客舱内应始终有人看管,不使用时,确保餐车被收藏锁定。

（主任）乘务长还要做到:

（1）确保高质量的客舱广播。

（2）指导和检查所指定的服务项目,并按公布的服务程序进行。

（3）确保所有的服务程序按规定时间进行。

（4）根据需要,临时调配乘务员提供服务。

（6）根据需要监督录像节目的播放。

7. 着陆前

（1）当下降的"系好安全带"、"请勿吸烟"的安全信号闪亮或接到驾驶舱发出的"客舱乘务员做好下降准备"的指令后,应及时进行客舱广播。

（2）完成要填写的表格,及时上交。

（3）为特殊旅客提供服务。

（4）归还为旅客保管的衣物。

（5）完成客舱安全检查（收回杯子,系紧安全带,检查座椅靠背、行李架,存放好小桌板,收好屏幕）确保厕所内无人,关闭厕所门并上锁。

（6）固定好厨房设备,合理处理好废弃物。此外,在就座前,再次核查所有厨房设备的固定状况（包括锁定装置和刹车装置）,关闭厨房电源。

（7）当飞机下降到低于10000英尺（3000 m），遵守《飞行关键阶段》的原则，但如感到有异常状况，仍需及时通报机长。（参阅第三章3.2.8）

（8）调节客舱灯光。

（9）除执行有关的安全工作外，坐在指定的位置，系紧安全带、肩带，在整个下降、滑行阶段、保持坐姿，做静默30 s复查。

（主任）乘务长还要做到：

（1）确保客舱广播高质量进行。

（2）明确需特殊帮助旅客的要求，在需要时，委派乘务员及时服务。

（3）确保需做记录的项目填入CLB，并完成（主任）乘务长、机长签名。

（4）确保各类申报单、表格准确填写完毕。

（5）确保客舱内已做好各项着陆前的准备工作后，及时报告机长。（建议进入驾驶舱报告）。

（6）在（主任）乘务长位坐好，准备着陆。

8. 着陆后

（1）当飞机完全停稳时，做好开门准备：滑梯解除待命（预位），互相检查，报告（主任）乘务长"OK"。

（2）送客（在指定位置）。

（3）在航班结束之前，乘务员不能擅自离机。

（主任）乘务长还要做到：

（1）飞机完全停稳，发动机已关车。呼叫全体乘务员。发出"滑梯解除待命（预位），相互检查"的命令。

（2）报告机长确认"待命（预位）"解除情况，请示可否开门。

（3）得到机长允许，用"PA"向客舱广播："所有机门已解除待命，可以开门"。

（4）打开客舱音乐。

（5）确保所有的设备故障已登记在《客舱记录本》（或《飞机技术记录本》）上，完成（主任）乘务长、机长签名。

（6）确认地面停留期间飞机上有旅客时的乘务员配备数。

8.2.3　客舱乘务组工作

1. 飞行前准备

（1）检查飞行包，携带必须的业务资料、手册及各类有效证件。

（2）完成公司要求的报告。

（3）带好个人用品（围裙、笔、针线包、化妆品、丝袜等）。

（4）担任兼职安全员的乘务员，根据需要领取安全员工作包，并携带有效证件。

（5）如需要佩戴矫正视力眼镜才飞行合格的乘务员，在执行航班任务时必须佩戴矫正视力眼镜，并携带备份镜。

（主任）乘务长还要做到：

（1）到派遣室领取飞行任务书。

（2）到资料室领取（主任）乘务长工作箱、乘务组护照/通行证。

2. 飞行准备

（1）准时签到，参加航前准备会：按派遣室按季发布的起飞与准备时刻表，到达指定准备室。

（2）表示愿意听从（主任）乘务长的指令，按程序工作。

（主任）乘务长还要做到：

（1）以身作则，营造出一个积极向上、训练有素的环境气氛。

（2）提倡集体精神。

（3）介绍整个乘务组人员情况。

（4）了解航班信息，及时与飞行机组沟通有关飞行信息。

（5）确保乘务人员准时登机。

3. 飞行前机上工作

（1）如需要，参加飞行机组准备会。

（2）向飞行机组介绍你自己，并了解相关信息。

（主任）乘务长还要做到：

（1）参加机组准备会，向乘务组传达有关信息及飞行机组对乘务组的要求。

（2）将飞行任务书交飞行机组。

（3）将可能延误起飞的意外事情，通报地面人员和机长。

（4）与食品公司、地面服务部门、现场调度、地面机务、乘务组、飞行机组协调准备工作，确保准时起飞。

4. 乘务组协作

（1）主动、有礼地与机组和其他同事相处。

（2）通力合作。

（3）表扬工作出色的乘务员。

（4）适时将与工作有关的信息，转告给其他乘务员/（主任）乘务长。

（5）调解旅客之间的冲突。

（主任）乘务长还要做到：

（1）在整个航班中与接班的乘务组，做好交接，互通信息。如有旅客在机上的交接，乘务员必须面对面交待清楚。

（2）确保耳机回收，免税烟酒账目结清，保管好钱物。

5. 飞行后讲评

（1）参加航后讲评会。

（2）参航班中的问题进行讲评总结。

（主任）乘务长还要做到：

（1）填写任务书。

（2）对乘务组的问题及时总结汇报。

8.2.4 乘务员形象与合格要求

1. 乘务员形象

（1）保持个人训练有素的职业形象。

（2）工作期间的任何时间，着公司制服，遵守公司形象规定。

（3）女乘化妆得当，男乘必须净面。

（4）确保制服、饰品整洁、烫平、完好、得体。

（5）确保工作鞋清洁、擦亮和完好。

（6）在限制区域里,佩戴登机证件(机上不必佩戴明显处)。

(主任)乘务长还要做到:

（1）指出乘务员的制服/外表形象的不足之处。

（2）为乘务组成员,按标准做好专业形象示范。

2. 乘务员的合格要求

在飞机上担任客舱乘务员的人员,应当通过局方按照《大型飞机公共航空运输承运人运行合格审定规则》批准的训练大纲训练并经合格证持有人检查合格。在按照本规则运行时,应当持有现行有效的体检合格证和合格证持有人颁发的客舱乘务员训练合格证。

乘务员的训练类别包括:新雇员训练、初始训练、转机型训练、定期复训、重新获得资格训练、差异训练、升级等训练。

第9章 民航乘务员客舱服务程序和标准
——以东航为例

9.1 头等舱、公务舱和经济舱"三舱"服务简介

9.1.1 精致、尊贵的头等舱服务

可以让旅客放松的安静环境包括诸多面因素,舒适的硬软件以及客舱乘务员的优雅服务所传递的亲切感。这就是头等舱旅客对东航提出的要求。

他们一年之中在全球范围作多次旅行,他们体验其他航空公司的星级服务,他们品味豪华酒店的卓越服务,他们知道并拥有自己的服务品位。

头等舱旅客期望的是:

* 服务硬软件	* 客舱环境氛围
1. 舒适、豪华的座椅	1. 安静、整洁的环境
2. 丰富多样的娱乐视听	2. 优雅、亲切的氛围
3. 功能齐全的办公设施	3. 柔和的灯光
4. 美味可口的佳肴	4. 适宜的温度
5. 琳琅满目的餐饮	5. 清新的空气
6. 个性化的服务设施	6. 轻柔的背景音乐
7. 推陈出新的服务产品	7. 温馨的色彩
	8. 私密的空间

始终记住以上要素,特别是在头等舱工作的时候,以旅客所期望的方式来提供服务,这一点很重要。

一个可以放松的休息环境,让时间在这惬意、幽静的客舱中缓缓流淌,即便是思考工作,也犹如在家中的沙发上。头等舱的旅客清楚地表达他们所喜欢的,如饮料和餐食。同时,他们更希望在航班上放松,并享受安静的时间。

> 头等舱旅客的心理需求:安全、舒适、亲切、被尊敬。
> 我们的服务:微笑+崇敬的目光、殷勤+个性的服务、赞叹+谦卑的态度。

如果我们能向旅客提供一点额外的、超预期的服务,那他们会认为我们的服务是真正的服务。

旅客希望与我们共度一段美好的时光。如果旅客在休息或睡着了,我们一定要小心不要在服务舱或者行走时发出太大的声音。

视听娱乐系统同样可以为旅客提供休闲和享受。客舱广播尽可能简洁,从而保持客舱的安静。

旅客的满意取决于服务的各个关键点,同时也取决于我们在航班上如何满足旅客潜在的需求。

9.1.2 温馨、舒适的公务舱服务

航空公司80%的利润来自于20%左右的公务舱旅客,这些"重要的少数"是航空公司利润的增

长点,因此在服务上必须高度重视。我们致力于给公务舱旅客带来温馨、舒适的飞行感受,让他们在客舱休息、放松、享受影视报刊娱乐的同时,又能享受"东方天厨"美味佳肴。

公务舱旅客期望的是:

* 服务硬软件	* 客舱环境氛围
1. 舒适、宽敞的座椅	1. 安静、整洁的环境
2. 丰富多样的娱乐视听	2. 优雅、亲切的氛围
3. 功能齐全的办公设施	3. 柔和的灯光
4. 美味可口的佳肴	5. 适宜的温度
5. 琳琅满目的餐饮	5. 清新的空气
6. 个性化的服务设施	6. 轻柔的背景音乐
7. 推陈出新的服务产品	7. 温馨的色彩
	8. 私密的空间

公务舱服务的基本理念在于"雅致"服务,需要各环节提供的"无缝隙"支持,这体现着一个航空公司管理体系的完整与合理。

微笑、目光接触、说话的方式和得体的举止都是服务的关键环节。为了表达礼貌,我们热忱地问候、我们真诚地倾听、我们对他们选乘我们的航班而表示由衷的感激。

我们应当始终记住以上的要素,在公务舱工作的时候,以旅客所期望的方式来提供服务。如果我们能向旅客提供一些额外的服务超越他(她)的期望,那旅客就会认为我们的服务是真正的服务。

> 公务舱旅客的心理需求:安全、快捷、尊重。
> 乘务员提供的服务可为:微笑＋美慕的目光、尊重＋得体的姿势、适度＋快捷的服务、赞美＋不卑不亢的态度。

9.1.3 亲切、友好的经济舱服务

相对于头等、公务舱,优惠的价格使经济舱得到大多数旅客的欢迎。旅客人数多、层次广成为经济舱最大的特点。他们当中有初次乘坐飞机的旅游客,有经常往返两地的商务客,也有曾乘坐过头等、公务舱的旅客。旅客的成百上千需要服务的广泛性、规范性,即让每个旅客感受到标准统一的优质服务;旅客的不同背景需要服务的多样性和灵活性,即在服务标准统一的前提下,根据旅客的不同特点、不同需求以及突发事件灵活应对、圆满处置。

经济舱的服务理念已远远超越了简单的端茶送水的模式,我们所推崇的是安全、便捷、贴心的服务。服务理念的提升不仅需要提升服务规范标准,更需要提高亲情服务的感染力,感染员工,互为学习、彼此鼓励,感动旅客,亲切、温暖,宾至如归。

旅客的期望是:

* 服务硬软件	* 客舱环境氛围
1. 舒适的座椅	1. 整洁的环境
2. 丰富多样的娱乐视听	2. 亲切的氛围
3. 可口、足量的餐食	3. 柔和的灯光
4. 齐全的服务设施	4. 适宜的温度
5. 热情主动的服务	5. 清新的空气
6. 优惠的服务产品	6. 轻柔的背景音乐
7. 专业的航空知识	7. 温馨的色彩

航程有限,服务无限。满足旅客的需求,挖掘旅客的需求,甚至创造旅客的需求。让旅客感受一次"时尚、优雅、亲切"的客舱服务,让旅客享受一段"精准、精细、精致"的"精彩"旅程!

旅客在登机后,我们在机舱内提供迎候、餐食、饮料、机上免税品、机上升舱、道别致谢等一系列服务。

旅客的满意取决于我们做到服务的各个关键点,同时也取决于我们在航班上如何满足旅客潜在的需求。

在娴熟的服务技能基础上,微笑+亲切的目光、真诚+热情的态度、周到+快捷的服务、耐心+细心的观察,更细致地挖掘并满足旅客深层次的需求,整体提升经济舱服务。

9.1.4 三舱服务操作指南速查表

1. 头等舱服务操作指南速查表

头等舱定义:三舱布局机型的头等舱

不同航线所涉及的服务内容及服务环节不尽相同,请在执行航班前先查阅。

服务环节		远程	国际中程	国内中程	国际短程	国内短程
一、旅客登机前	旅客信息获取	*	*	*	*	*
	饮料、酒类储存	*	*	*	*	*
	热毛巾准备	*	*	*	*	*
	迎宾饮料准备	*	*	*	*	*
	报刊杂志准备	*	*	*	*	*
	拖鞋、旅行用品套装准备	*	*	*	*	*
	餐谱、酒水单/迎宾饮料单准备	*	*	*	*	*
	其他辅助餐饮服务用具(品)准备	*	*	*	*	*
	机上洗手间用品摆放	*	*	*	*	*
	旅客登机前的最后准备	*	*	*	*	*
	私密性服务(相关机型)	*	*	*	*	*
二、旅客登机——起飞前	迎客服务	*	*	*	*	*
	引导入座	*	*	*	*	*
	协助安放行李	*	*	*	*	*
	收挂衣物	*	*	*	*	*
	热毛巾服务	*	*	*	*	*
	迎宾饮料服务	*	*	*	*	*
	报刊杂志服务	*	*	*	*	*
	自我介绍问候服务	*	*	*	*	*
	拖鞋、旅行用品套装服务	*	*	*	*	*
	发餐谱、酒水单,预选餐饮服务	*	*	*	*	*
	特殊需求确认	*	*	*	*	*
	欢迎词并致礼	*	*	*	*	*
	起飞前准备及安全检查	*	*	*	*	*

（续）

服务环节			远程	国际中程	国内中程	国际短程	国内短程
三、平飞——第一餐供餐结束		飞行机组服务	*	*	*	*	*
		洗手间开启和清洁	*	*	*	*	*
		拉合门帘	*	*	*	*	*
		补救服务	*	*	*	*	*
		会员服务	*	*	*	*	*
		细微服务	*	*	*	*	*
		耳机、PMD娱乐设备的提供（相关机型）	*	*	*	*	*
供餐结束后的各项服务		睡衣的提供	*	*	*	*	*
		礼品服务（根据配备）	*	*	*	*	*
		供餐前准备及餐饮服务	*	*	*	*	*
		发放小瓶矿泉水	*	*	*	*	*
		发放CIQ表格	*	*	*	*	*
		免税品选购	*	*	*	*	*
		旅客关怀服务	*	*	*	*	*
		增值服务	*	*	*	*	*
		客舱整理	*	*	*	*	*
		洗手间清洁	*	*	*	*	*
		旅客信息收录	*	*	*	*	*
四、值班期间——第三餐供餐	值班	个性化沟通服务	*	*	*		
		饮料服务	*	*	*		
		洗手间清洁	*	*	*		
		乘务员交接	*	*			
		飞行机组服务	*	*	*		
	供第二餐服务		*				
	供第三餐前的准备		*				
	供第三餐服务		*				
五、供餐结束——下降前		个性化沟通服务	*	*	*	*	*
		客舱整理	*	*	*	*	*
		洗手间清洁	*	*	*	*	*
		中转信息服务	*	*	*	*	*
		收回PMD娱乐设备（相关机型）	*	*	*	*	*
		归还衣物，道别服务	*	*	*	*	*
		飞行机组服务	*	*	*	*	*
		下降致谢、安检	*	*	*	*	*
		归还保管物品，随身物品提醒	*	*	*	*	*
		送客服务	*	*	*	*	*

2. 公务舱服务操作指南速查表

公务舱定义：三舱布局机型的公务舱、两舱布局机型的前舱

不同航线所涉及的服务内容及服务环节不尽相同，请在执行航班前先查阅。

服务环节		远程	国际中程	国内中程	国际短程	国内短程
一、旅客登机前	旅客信息获取	*	*	*	*	*
	饮料、酒类储存	*	*	*	*	*
	热毛巾准备	*	*	*	*	*
	迎宾饮料准备	*	*	*	*	*
	报刊杂志准备	*	*	*	*	*
	拖鞋、旅行用品套装准备	*	*	*	*	*
	餐谱、酒水单/迎宾饮料单准备	*	*	*	*	*
	其他辅助餐饮服务用具（品）准备	*	*	*	*	*
	机上洗手间用品摆放	*	*	*	*	*
	旅客登机前的最后准备	*	*	*	*	*
	私密性服务（相关机型）	*	*	*	*	
二、旅客登机——起飞前	迎客服务	*	*	*	*	*
	引导入座	*	*	*	*	*
	协助安放行李	*	*	*	*	*
	收挂衣物	*	*	*	*	*
	热毛巾服务	*	*	*	*	*
	迎宾饮料服务	*	*	*	*	*
	报刊杂志服务	*	*	*	*	*
	自我介绍问候服务	*	*	*	*	*
	机上升舱服务	*	*	*	*	*
	拖鞋、旅行用品套装服务	*	*	*	*	*
	发餐谱、酒水单，预选餐饮服务	*	*	*	*	*
	特殊需求确认	*	*	*	*	*
	欢迎词并致礼	*	*	*	*	*
	起飞前准备及安全检查	*	*	*	*	*
三、平飞——第一餐供餐结束	飞行机组服务	*	*	*	*	*
	洗手间开启和清洁	*	*	*	*	*
	拉合门帘	*	*	*	*	*
	补救服务	*	*	*	*	*
	会员服务	*	*	*	*	*
	细微服务	*	*	*	*	*
	耳机、PMD 娱乐设备的提供（相关机型）	*	*	*	*	*

服务环节			远程	国际中程	国内中程	国际短程	国内短程
供餐结束后的各项服务		睡衣的提供	*				
		礼品服务（根据配备）	*	*	*	*	*
		供餐前准备及餐饮服务	*	*	*	*	*
		发放小瓶矿泉水	*				
		发放 CIQ 表格	*	*			
		免税品服务	*	*		*	
		旅客关怀服务	*	*	*	*	*
		增值服务	*	*	*	*	*
		客舱整理	*	*	*	*	*
		洗手间清洁	*	*	*	*	*
		旅客信息收录	*	*	*	*	*
四、值班期间——第三餐供餐	值班	个性化沟通服务	*	*	*		
		饮料服务	*	*	*		
		洗手间清洁	*	*	*		
		乘务员交接	*	*			
		飞行机组服务	*	*	*		
	供第二餐服务		*				
	供第三餐前的准备		*				
	供第三餐服务		*				
五、供餐结束——下降前		个性化沟通服务	*	*	*	*	*
		客舱整理	*	*	*	*	*
		洗手间清洁	*	*	*	*	*
		中转信息服务	*	*	*	*	*
		收回 PMD 娱乐设备（相关机型）	*	*	*	*	*
		归还衣物,道别服务	*	*	*	*	*
		飞行机组服务	*	*	*	*	*
		下降致谢、安检	*	*	*	*	*
		归还保管物品,随身物品提醒	*	*	*	*	*
		送客服务	*	*	*	*	*

3. 经济舱服务操作指南速查表

不同航线所涉及的服务内容及服务环节不尽相同,请在执行航班前先查阅。

服务环节		远程	国际中程	国内中程	国际短程	国内短程
一、旅客登机前	旅客信息获取	★	★	★	★	★
	饮料、酒类储存	★	★	★	★	★
	报刊杂志准备	★	★	★	★	★
	其他辅助餐饮服务用具(品)准备	★	★	★	★	★
	机上洗手间用品摆放	★	★	★	★	★
	旅客登机前的最后准备	★	★	★	★	★
二、旅客登机——起飞前	迎客服务	★	★	★	★	★
	引导入座	★	★	★	★	★
	协助安放行李	★	★	★	★	★
	金银卡旅客问候致意服务	★	★	★	★	★
	毛毯、枕头服务	★	★	★	★	★
	机上升舱服务	★	★	★	★	★
	特殊需求确认	★	★	★	★	★
	细微服务					
	欢迎词并致礼	★	★	★	★	★
	起飞前准备及安全检查	★	★	★	★	★
三、平飞——第一餐供餐结束	洗手间开启和清洁	★	★	★	★	★
	拉合、拉开门帘	★	★	★	★	★
	婴儿摇篮服务	★	★	★	★	★
	补救服务	★	★	★	★	★
	书报杂志服务	★	★	★	★	★
	会员服务	★	★	★	★	★
	补救服务	★	★	★	★	★
	细微服务	★	★	★	★	★
	礼品的提供(根据配备)	★	★	★	★	★
	广播餐食选择服务	★	★	★	★	★
	供餐前准备及餐饮服务	★	★	★	★	★
供餐结束后的各项服务	会员服务	★	★	★	★	★
	旅行用品服务	★	★			
	旅客关怀服务	★	★	★	★	★
	增值服务	★	★	★	★	★
	客舱整理	★	★	★	★	★
	洗手间清洁	★	★	★		★
	免税品服务	★	★		★	

服务环节			远程	国际中程	国内中程	国际短程	国内短程
四、值班期间——第三餐供餐	值班	客舱巡视沟通服务	＊	＊	＊		
		饮料服务	＊	＊	＊		
		洗手间清洁	＊	＊	＊		
		乘务员交接	＊	＊			
	供第二餐服务		＊				
	供第三餐前的准备		＊				
	供第三餐服务		＊				
五、供餐结束——下降前	发放 CIQ 表格		＊	＊		＊	
	阳光健身操						
	客舱整理		＊	＊	＊	＊	＊
	洗手间清洁		＊	＊	＊	＊	＊
	旅客关怀服务		＊	＊	＊	＊	＊
	中转信息服务		＊	＊	＊	＊	＊
	道别服务		＊	＊	＊	＊	＊
	下降致谢、安检		＊	＊	＊	＊	＊
六、滑行——飞机停稳后	滑行时的注意事项		＊	＊	＊	＊	＊
	送客服务		＊	＊	＊	＊	＊

9.2　民航乘务员头等舱服务程序和标准

9.2.1　旅客登机前

　　流畅的空中服务,需要我们在地面完成一些服务用品的准备工作,这将有助于我们在起飞后有条不紊地进行餐饮服务,让旅客体验到我们服务的精心、细致和优雅。如果有时间,尽可能多地做些准备。

1. 旅客信息获取

➢ 客舱经理(带班乘务长)通过移动客舱 PDA 系统或纸质 PIL 名单获取本航班旅客姓名/座位/需求/属性/偏好/使用语言等信息。

➢ 客舱经理(带班乘务长)召开临时准备会,将获取的旅客信息传达给组员并做相应分工。

　　移动客舱 PDA 系统使我们的服务更主动、更个性、更贴心。根据 PDA 系统我们可以提供很多增值服务:机上庆生、偏好服务,同时我们还能了解旅客的宗教信仰和禁忌,提供精准的个性化服务,让旅客一踏上我们的飞机就有如同回到自己的家中。在航班中我们细心观察,不断完善旅客信息数据。

➢ 根据客舱 PDA 系统提供的旅客偏好信息,确认相关机供品的配备,并记录可提供的服务项目。

2. 饮料、酒类的储存

> 各种酒水、饮料都有最适宜的温度来体现它的最佳口味,让旅客能舒心地品味并享受着,不妨事先请将相关的饮料冷藏。

➤ 打开冷藏箱按钮,冷藏各类饮料。
➤ 香槟、白葡萄酒、啤酒须冰镇。首选香槟,务必第一时间冰镇。

3. 热毛巾准备

> 无论春夏秋冬,温热的小毛巾能让旅客舒缓旅途的疲劳。

➤ 将干毛巾预先制作成湿度适中的湿毛巾,以毛巾充分湿润且不滴水为宜,放入保温箱内加温。
➤ 预先准备好毛巾碟和毛巾夹。

4. 迎宾饮料准备

> 事先考虑到头等舱旅客的个性化需求,尽可能准备更多的饮料品种,提供个性化服务。

➤ 准备少量的水、橙汁、香槟和"青春飞扬",准备好小托盘、垫盘纸、杯垫。
➤ 制作迎宾饮料时,握住玻璃杯的底部,不要将指印留在杯口,并确保玻璃杯内外清洁、明亮、完好无损。让头等舱旅客对我们的餐饮卫生感到放心和满意,需要我们把好这一关。

5. 报刊杂志准备
➤ 事先根据旅客数预留各类书报、杂志,保持配备品种的齐全,远程航线准备好袋装报纸(每袋3份~4份不同类型报纸)。若回程需要回收再利用,请务必确认好书报杂志的平整、完好。
➤ 将各类报纸、杂志整齐地摆放在小推车上。
➤ 准备好 PMD 娱乐设备(相关机型提供)。

6. 拖鞋、旅行用品套装准备

> 考虑到头等舱旅客的个性化需求,上机后希望能及时使用眼罩或耳塞等休息用品,先于旅客需求之前送上,会使旅客感受到我们服务的细致周到。

➤ 拖鞋、旅行用品套装准备好,以便及时为旅客提供。

7. 餐谱、酒水单/迎宾饮料单准备
➤ 校对餐谱页面与当日所配餐食的一致性,做到心中有数。

8. 其他餐饮辅助服务用具(品)准备
➤ 准备好糖、奶、茶、咖啡、饮料、酒水等。
➤ 准备好糖缸、搅拌棍、小勺、托盘、垫盘纸、杯垫等用具。
➤ 准备好冰桶、冰夹、面包篮、面包夹、色拉汁碗、餐巾布等服务用具(品),并确认用具的整洁干净。

9. 机上洗手间卫生与用品的确认

机上洗手间是"中性厕所"的原型,虽然空间狭小,为了符合头等舱旅客的要求,我们在用品的摆放上多用心思,以体现高端档次。

➤ 摆放、确认洗手间物品。
➤ 确认洗手间环境整洁,香味清新。
➤ 卫生标准:无异味、无积尘、无积水、无阻塞、无杂物、无锈迹、无水渍。
➤ 清洁范畴:镜面、水池、台面周围、马桶盖板及周围、地面及周围凹槽。

10. 旅客登机前的最后准备

➤ 清舱。
➤ 再一次自查、互查仪容仪表,展现最佳的精神面貌,以留给头等舱旅客美好的第一印象。
➤ 客舱站位:靠近并面对登机机门,恭候头等舱旅客。
➤ 播放登机音乐,音量适宜。
➤ 灯光 100% ,适宜的客舱温度为 24℃ 左右。
➤ 刷新移动客舱 PDA 系统,获取本航班高端旅客姓名、座位、需求、偏好等信息。

9.2.2　旅客登机——起飞前

1. 机门迎客

让我们带着尊崇和诚挚的心情来邀请并欢迎头等舱旅客的光临。

如果我们能确认他(她)的国籍,且使用本土化的母语问候,对旅客而言将是一份亲切与欣喜,国度间的距离瞬时被缩短到人与人之间这么亲近。

任何时候,稍弯腰的服务姿态都能表达尊敬与诚意,直挺挺的站立只会让人感到"拒人于千里之外"的冷漠。

➤ 用友好而发自内心的微笑迎接旅客,目光亲切和蔼,主动迎上前问候旅客,并提供帮助。若我们能跨出舱门给予迎接,旅客必将在第一时间感受到我们的热忱,避免盯着登机牌久看,那只能是一种机械而略显仓促的反应,应与旅客有目光的柔和交流和语言的温婉问候。

2. 客舱迎客

我们要明晰:此时给予旅客恰到好处且及时的服务远远胜于按照服务程序操作,察言观色并眼明手快,能帮助我们懂得旅客的需求顺序,以便更妥善地解决。

当在客舱内进行服务或在服务舱内进行准备工作时,如有旅客经过身边,请暂时停止手头的工作,主动问候,哪怕只是一个眼神的交流或是一个会心的微笑,将背面或侧面留给旅客会使其感到失望或失礼。

3. 引导入座

➤ 逐一引导旅客入座,我们可以根据"移动客舱"设备所显示的信息或细心地去发现旅客登机牌上的姓名显示,及时为头等舱旅客提供"姓氏称谓服务",并适时做自我介绍 ,表达欢迎之意,在第一时间建立与头等舱旅客的良好交流氛围。
➤ 帮助分移座椅中间的安全带,协助旅客整理座椅、安全带时询问被子/毛毯、枕头的需求,将旅客暂不使用的被子/毛毯、枕头收纳在其座位上方的行李架内或其他适宜拿取的储藏空间内，并根据旅客需要及时为其提供被子/毛毯、枕头。

➤ 我们的尊敬和殷勤更应体现在对高端旅客的服务上，收到信息后，立即尊敬地称呼他们，待坐定后及时提供热毛巾、登机饮料、报纸等系列服务。

➤ 根据高端旅客信息，全程提供尊贵的个性化服务并细心地收集更多信息。

4. 协助安放行李

➤ 根据观察，主动询问旅客是否需要帮助，不同国家、不同地域、不同年龄的旅客，他们的文化背景不尽相同，帮助他（她）也需得到本人的认同，这是对头等舱旅客的另一种尊重。

➤ 妥善将行李安放在旅客认可的储藏空间内，并加以确认。

5. 收挂衣物

➤ 悉心观察，及时为旅客挂放衣物，将衣服两肩轻轻对折以示对旅客的尊敬。请善意提醒取出贵重物品。

➤ 如果有旅客表示不需要挂衣物，请及时将这个信息传递给其他乘务员，以免不知情的乘务员再一次打扰到这位头等舱旅客。

➤ 请使用挂衣牌而非向旅客索要登机牌，记录并妥善存放旅客的衣物，避免归还错误，或拿着衣服满客舱找寻衣服的主人，显得极不礼貌、不职业。

6. 自我介绍问候服务

➤ 主动向头等舱旅客进行自我介绍，特别是高端旅客、金银卡旅客、（超级）精英旅客，并送上旅途祝福与问候，以表达欢迎和尊重。

7. 预选迎宾饮料

➤ 提供迎宾饮料单/酒水单，结合移动客舱 PDA 系统提供的旅客偏好信息，向旅客介绍推介饮料，以示诚挚的欢迎，可向好奇的旅客推界特色饮料的调配方式与设计意义。

➤ 内外场主动配合，快速传递订单，在服务舱积极准备。

8. 提供热毛巾、迎宾饮料

请避免把注意力过度集中在毛巾、饮料的提供上，尝试知会旅客一些与本次航班飞行信息有关的话题，或许此时我们会很忙，但哪怕是一句简单的交流，也能让旅客与我们之间的氛围变得轻松而愉悦。

➤ 提供前确认毛巾整洁，温度、湿度适中，叠放美观、整齐。

➤ 将毛巾、旅客预选迎宾饮料托出提供给旅客，其中毛巾使用毛巾碟/毛巾夹递送给旅客。

9. 提供餐谱、酒水单，预选餐饮服务

➤ 根据移动客舱 PDA 系统提供的旅客餐饮偏好信息，向旅客表示我们已特意准备了其喜欢的餐饮品种，并征求其意见确定品种选择。

➤ 适时推界"东方天厨"特色佳肴、"美食与美酒"文化及公司首推的高档葡萄酒。

➤ 请参照《头等舱餐饮服务标准》。

10. 收回小毛巾、迎宾饮料杯

➤ 面带微笑，目光与旅客相遇，点头示意，首先询问旅客是否需要添加饮料，再收回不需要的饮料杯和小毛巾。

➤ 使用托盘，收回毛巾碟（或使用毛巾夹收回毛巾）。

11. 报刊杂志的服务

当旅客先提出需求时请及时给予满足,如果没有配备旅客需要的书报杂志,不要直接回答"没有",请试图再去找寻一次,确认没有后,向旅客致歉,同时推荐另一种书报杂志,以表现出服务的主动意愿与灵活性。

> 根据移动客舱 PDA 系统提供的旅客阅读偏好信息,为旅客提供其喜爱的书报杂志。
> 提供前先确认书报杂志是否平整、完好。
> 提供时应主动介绍,并做到语言、表情、视线、动作到位。

12. 拖鞋、旅行用品套装的服务

服务不是简单地为旅客提供一件物品。如果我们能主动为需要的旅客提供或打开包装并放置在其座位前,旅客体验到的是一种享受式服务。

> 主动为旅客提供拖鞋,打开包装,将拖鞋摆放在合适的位置供其更换,并收回包装袋。
> 对于旅客换下的鞋物,按照手提物品处理要求予以妥善处理。

13. 特殊需求确认

> 当收到移动客舱 PDA 系统或地面服务人员提供的特殊餐信息后,乘务员应细致地向旅客确认特殊需求(特殊餐、地面点餐、用药时间提醒等记录在选餐单或值班记录单上),并当面记录,与其他乘务员相互提醒,避免忽略和遗忘。

14. 欢迎词并致礼

热情洋溢的欢迎词将拉开团队服务的帷幕。若有足够的时间,不妨向旅客逐一介绍乘务组成员。乘务员在听到广播播报自己名字时,可以挥手向旅客致意。

尽量在飞机尚未滑行时段进行欢迎词和致礼服务。

> 机门关闭待命后,客舱经理(带班乘务长)立即进行欢迎词广播,乘务组根据广播进行致礼服务,欢迎词广播结束后进行安全须知的播放/演示。
> 如机门关闭后飞机立即推出,应立即进行安全须知的播放/演示和安全检查,待飞机平飞后再进行欢迎词广播和致礼服务。
> 欢迎词播报同时,乘务员可以在客舱中的任意位置向周围旅客致问候礼,营造亲切、祥和的服务氛围,给旅客留下诚恳、真实的印象。
> 致礼结束,缓步巡视客舱同时与周围的旅客有目光或语言的交流。

15. 起飞前准备及安全检查

> 收回所有饮料杯。如旅客未用完饮料,向旅客示意起飞后再次提供,并取得其理解。
> 完成安全检查,并锁闭洗手间。

9.2.3 平飞——第一餐供餐结束

1. 飞行机组服务

确保始终有乘务员关注客舱,至少每15分钟巡视一次客舱,主动与旅客沟通,及时满足旅客的需求。

好的服务应该不需要旅客按响他的呼唤铃。

➤ 平飞后内场乘务员第一时间至驾驶舱沟通,关心机组用餐需求,提供热毛巾和饮料服务。

2. 洗手间开启和清洁

> 洗手间应始终保持干净和整洁,洗手间的清洁应是专业有序而且清新的。
>
> 请避免在旅客使用完洗手间后立即进入清洁,并当旅客的面戴上手套,这有可能会使旅客感到尴尬或者有被贬低之嫌。
>
> 如有旅客等候在旁,与旅客做好沟通解释。
>
> 如果是中、远程航线,请在平飞期间摆放塑料杯供旅客洗漱用。

➤ 飞机平飞后,第一时间开启洗手间门锁并确认物品摆放规范。

➤ 始终保持洗手间卫生整洁。

➤ 及时添补洗手间用品,始终保持洗手间卫生良好。

3. 拉合门帘

> 优雅地拉合门帘,细微之处的体现。
>
> 每当需要拉合或拉开门帘时,请记得细握帘子的上端,这样才能真正做到轻盈,请不要随意甩手将门帘扬起,门帘摆动幅度过大会使坐在附近的旅客感到不舒服,甚至影响到他的用餐与休息。

➤ 及时拉合分舱门帘:细握门帘的上端,若有旅客注视,请与旅客微笑点头示意后,再轻轻将帘子全部拉合。

4. 服务补救

> 世界上没有百分之一百的满意服务,因此补救服务变得尤为重要,及时性补救是关键。第一个实施服务补救的乘务员能带给旅客什么样的心理感受、能为他排忧解难到什么程度,直接影响到最终的结果:是满意或更不满意。
>
> 服务的真谛——使满意的旅客更满意,使不满意的旅客变得满意。

➤ 根据移动客舱 PDA 系统提供的旅客历史事件信息或现场即时特殊信息,按照服务补偿信息提示对其实施服务补救或个性化服务。

➤ 服务补救包括:再次代表公司向旅客表示歉意,对于其给予的理解表示感谢,同时可根据以往事件的性质和情节轻重,利用周围的资源尽可能地给予相应的服务补偿。切记规避二次不满意。

➤ 必要情况下,客舱经理(带班乘务长)可根据《快速处置方案》灵活地给予旅客补偿。

➤ 记录机上发生的需补救服务信息于移动客舱 PDA 系统或电子任务书中及时反馈。

5. 会员服务

> 公司的效益来自于客流量和旅客的忠诚度。只要我们多一点额外服务,多一些适时的沟通,来满足旅客的期望,吸引更多的普通旅客发自内心地成为我们的会员旅客,并让他们成为我们的常客。

➤ 快速入会服务:面带微笑地在客舱中主动为旅客介绍"东方万里行",并热忱邀请他们成为会员。帮助有意愿的旅客快速注册,于移动客舱 PDA 系统录入信息。

➤ 积分查询服务：根据客舱 PDA 系统，主动帮助会员旅客查询积分。

➤ 补登积分服务：根据旅客需求，帮助旅客于移动客舱 PDA 系统补登积分。

➤ 积分换购服务：帮助旅客使用积分购买机上免税品。

6. 细微服务

➤ 细心关注本舱位的每一位旅客，并及时满足旅客的需求。

➤ 为睡觉的旅客轻轻拉下遮光板，关闭阅读灯并盖上毛毯。

➤ 询问正在阅读的旅客是否需要为他（她）打开阅读灯。

➤ 关心本舱位的特殊旅客，询问服务需求。

➤ 与旅客进行适当的交谈，提供聊天服务。

➤ 在飞机遇到气流，对旅客安全带进行检查时，安抚旅客情绪。

➤ 收回旅客座椅周围的杂物，保持他们私人空间的整洁。

7. 耳机、PMD 娱乐设备的提供（相关机型）

➤ 使用托盘提供耳机、PMD，摆放在旅客认可的位置。

8. 睡衣的提供

➤ 使用托盘提供睡衣，摆放在旅客认可的位置。

9. 礼品服务（根据配备）

➤ 发放时间：平飞以后（遇航班延误等特殊情况，由客舱经理/带班乘务长决定发放时间）。

➤ 面带微笑，递送到旅客手中，送上祝福。

➤ 发放方法：选用托盘，排列整齐。

10. 供餐前准备及餐饮服务

> 服务程序准备期间，外场乘务员应避免聚集在服务舱内，因为这时候，客舱中的旅客可能更需要我们的关心和帮助。
>
> 微笑着向与你有目光接触的旅客点头示意。
>
> 缓慢地在客舱中巡视，细心关注每一位旅客。不要让旅客还未来得及提出要求，我们已经匆匆从他身边走开……

➤ 请参照《头等舱餐饮服务标准》和《（热）正餐服务流程》

11. 供餐结束后的各项服务

➤ 发放小瓶矿泉水

> 长途旅行的干燥环境难免会使旅客感到口渴，如果座位旁能随手拿到一瓶矿泉水，他们将不再因为一次次地向乘务员提出饮水的要求而感觉到麻烦或不好意思。

➤ 发放 CIQ 表格

> 缩短旅客入境时的等候时间，从他们的角度提供便利服务。
>
> 若有旅客正在休息或暂时离开了自己的座位，请不要将单子留在旅客的座位旁，耐心等候合适的时机当面交与旅客。

➤ 询问每一位旅客是否需要 CIQ 表格。

➤ 根据旅客需求发放 CIQ 表格，并询问是否需要帮助。

12. 免税品选购

为了给亲朋好友送上祝福和关爱,购置免税品是两舱旅客必不可少的需求,他们并不在乎免税品的价格,他们希望能得到我们专业的指导和会心的推介,希望所挑选的礼物能让家人和朋友喜欢,这也是我们所希望的。

➢ 根据移动客舱 PDA 系统提供的旅客免税品订购信息,为旅客提供网上预订机上付款取货服务。

➢ 为保持头等舱良好的休息环境,由责任乘务员携免税品销售手册向有需求和意愿的旅客适时介绍购物指南信息,并提供一对一的销售服务。

➢ 提供"随叫随到"免税品销售服务,头等舱优先于公务舱旅客选购,公务舱优先于普通舱旅客选购。

➢ 如果没有旅客选择的型号,致歉并推荐相似的型号或提供后续的预订服务。

➢ 为旅客提供预订服务时,只需向旅客提供免税品预订单并做好记录。免税品预订单与机上免税品出售表一起与中国免税品集团有限责任公司交接。

➢ 备注:预订服务仅限下次搭乘东航国际航班的旅客。

13. 旅客关怀服务:空中乘务人员在每一个服务细节中体现亲情关怀

关怀有时很简单,看到睡觉的旅客为他轻轻拉下遮光板;关怀有时也并不简单,如对于座椅设施的介绍,要找到交流的切入点,话题要循序渐进,避免直奔主题,否则可能会影响到他们的自尊心。

人与人之间如果只有利益维系,那工作、生活将是多么枯燥而乏味,让关怀在感染旅客的同时也感染自己,工作在我们共同创造的关怀氛围中,会让客舱更加温暖和温馨。

14. 拉下遮光板服务

➢ 乘务员可通过观察或询问,为需要休息的旅客轻轻拉下遮光板。

遮光板的关闭并不是十分必要的,这取决于旅客当时的活动状态或休息状态。请尊重他们的意愿。

15. 娱乐系统介绍

➢ 根据移动客舱 PDA 系统或通过观察,有选择地为需要帮助的旅客耐心讲解并调节音频、视频、游戏,介绍卫星电话的使用,并根据旅客需求及时提供转换插座。乘务员应熟练地掌握各项娱乐设备的使用。

➢ 在相关机型上提供 PMD 娱乐设备使用的讲解服务。

16. 床式座椅放倒服务

对于座椅设施的介绍,要找到交流的切入点,话题要循序渐进,我们不要简单地直奔主题,否则可能会影响到个别旅客的自尊心。

➢ 通过观察,为需要帮助的旅客主动介绍座椅的功能,在旅客需要时协助放倒座椅。

17. 醒后关爱服务

➢ 旅客睡醒后,主动送上热毛巾和一杯饮料(温开水、矿泉水或橙汁),并给与语言问候。

➤ 对未用餐的旅客,主动询问是否需要用餐。

18. 增值服务

平淡的生活需要惊喜,平稳的旅途需要精彩,当精心安排的一个祝福不经意来到旅客面前,带给他们的不仅仅是欣喜,更多的是感动。此时我们已留住了旅客的心,亦留住了他们今后的选择。

➤ 根据移动客舱 PDA 系统提供的旅客生日信息,为当天生日的旅客送上生日贺卡、蛋糕、红酒以示庆贺,营造温馨氛围。
➤ 节日期间,通过客舱广播传达对旅客节日的问候。
➤ 根据移动客舱 PDA 系统提供的旅客纪念日信息,为旅客提供纪念日服务,送上水果、蛋糕、红酒以示庆贺,或用 ITOUCH 为其拍摄照片,赠送于他。
➤ 根据各类主题活动,设计特色服务方案,并提供相应的特色服务,以营造愉快祥和的氛围。

19. 客舱整理

干净整洁的客舱环境影响着每一个人的心境和情绪,无论那是私人空间还是公共区域。

➤ 主动为旅客清理座椅周围的杂物,保持过道及旅客私人空间的整洁。

20. 洗手间清洁

请不要在两舱旅客使用完洗手间后立即进入清洁,并当旅客的面带上手套,这有可能会使旅客感到尴尬或者有被贬低之嫌。

➤ 确保每位旅客使用后清理一次。
➤ 及时添补洗手间用品,始终保持洗手间卫生良好。
➤ 保持高舱位洗手间的专属性。

21. 旅客信息收录

旅客的惊喜、旅途的精彩都来自于个性化信息的传递,这些信息需要我们一点一滴地去收集,需要我们耐心细致地去观察、去发现。

➤ 及时收集旅客使用语言、餐食、饮料、读物、爱好、禁忌等相应的基本信息、偏好信息,并于移动客舱 PDA 系统录入。

9.2.4 值班期间——第三餐供餐

1. 值班

大夜航航班(当地时间 19:00 以后起飞的航班),各舱位实行一人制值班,根据实际情况增加前后两人值班重叠时间。

非大夜航航班,实行前两个舱位共三人制值班。

在保证质量的前提下,客舱经理可根据优化配置飞行、旅客人数适当调整值班人员的安排。

2. 客舱巡视
➤ 始终保持有乘务员关注客舱,至少 15min 巡视客舱一次。

➤ 步态缓慢并用目光与旅客进行交流,旅客或许会用眼神、手势或开口前的语气词表达他的需要,接近并询问旅客,尽快提供他所需要的服务。

➤ 询问睡醒的旅客有何服务需求,并适时与旅客进行沟通。

➤ 主动为需要帮助的旅客调节座位、娱乐、音频、视频、游戏等设施的使用。

➤ 中远程航线、夜间飞行期间,对未系安全带的旅客,逐一进行个别提醒。

➤ 特别关注老年旅客、带小孩旅客等特殊旅客。

➤ 保持客舱、洗手间的整洁,及时清洁洗手间和添加卫生用品。

3. 个性化沟通服务

➤ 休闲小食可以作为与旅客沟通交流的话题开端。值班乘务员将休闲小食放入面包篮,主动为旅客提供休闲小食,同时提供餐巾纸和饮料。

➤ 亲切友好地与高端旅客及需要照顾的特殊旅客进行沟通,营造主动沟通、乐于沟通、勤于沟通的氛围。

➤ 谈话内容:避免涉及政治、宗教、个人隐私等敏感话题。

➤ 可以征求旅客对餐饮和服务的意见。

➤ 可以向旅客介绍东航服务产品。

➤ 当旅客将征询表、意见卡交与乘务员时,要表示感谢,并进行适当的沟通。

4. 广播

➤ 供餐结束后的夜间飞行期间,根据旅客的休息情况使用分舱式广播。控制好语音、语速、音量以确保广播的清晰度,不使用机上预录广播,减少预录广播对旅客休息的影响。

5. 乘务员交接

➤ 远程航线乘务员须填写《远程航线客舱服务总概况》。

➤ 值班期间详细记录头等舱旅客的需要及喜好,保持与旅客有着良好的沟通。

➤ 根据旅客人数,交接班时间至少重叠10min左右,交接班乘务员在此时间段中做好个人仪容仪表准备,与驾驶舱机组做短暂沟通,两位乘务员当面做好口头交接。

值班时注意保持站立服务,避免做与安全和服务无关的事。

---

6. 飞行机组的服务

➤ 每1小时(或根据机组的要求)到驾驶舱沟通,关心机组用餐需求,提供饮料和热毛巾服务。

7. 供第二餐服务

➤ 乘务员根据旅客的休息情况,询问醒着的旅客是否需要用餐并预订饮料。

➤ 询问旅客是否需要打开阅读灯,以保持一个明亮的私人用餐环境。

➤ 保持客舱安静环境,尽量避免打扰到不用餐或休息的旅客。

➤ 请参照《头等舱餐饮服务标准和供餐流程》。

8. 供第三餐前的准备

服务舱餐饮准备:

➤ 餐饮准备期间请拉上厨房隔帘,做到说话轻、动作轻、脚步轻,同时不要忽略了客舱巡视。

客舱整理:

➤ 主动为旅客清理座椅周围的杂物,保持过道及旅客私人空间的整洁。

➤ 洗手间清洁。

➤ 由于洗手间即将迎来使用的繁忙期,及时添补各类用品、塑料杯等。

➤ 保持高舱位洗手间的专属性。

9. 供第三餐服务

➢ 根据旅客的休息状况,选择是否分舱广播、是否需要打开灯光,不要为了快速完成第三餐服务而影响头等舱旅客的休息。

➢ 提供热毛巾时,微笑着问候一声。

➢ 请参照《头等舱餐饮服务标准和供餐流程》。

9.2.5　第三餐供餐结束——下降前

1. 个性化沟通服务

➢ 亲切友好的与高端旅客及需要照顾的特殊旅客进行沟通,营造主动沟通、乐于沟通、勤于沟通的氛围。

➢ 特殊航线喷洒药水时,请在广播的同时为头等舱旅客递上一块热毛巾,再一次体现我们服务的细致和周到。

➢ 根据 ACARS/移动客舱 PDA 信息,为中转旅客提供中转信息。

2. 客舱整理

➢ 主动为旅客清理座椅周围的杂物,保持过道及旅客私人空间的整洁。

➢ 整理座椅上的被子(毛毯)、枕头。

3. 洗手间清洁

> 此时洗手间的使用频率较高,保证机组对洗手间使用的优先权,并协调好旅客的使用。
> 洗手间能持续保持清洁,在某种意义上展示的是公司文明服务的星级标准。

➢ 此时洗手间的使用频率会很高,请给予更勤的关注与清洗。

➢ 保持洗手间内用品的完备,空气清新。

4. 中转信息服务

> 当旅客得到我们传递的中转信息后,他的心情会轻松很多,他有方向了,更踏实了,更从容了,不再忐忑。

➢ 通过 AIRSHOW/ACARS/移动客舱 PDA 系统获取转机旅客名单和信息,告知旅客转机信息。

5. 收回 PMD 娱乐设备(相关机型)

➢ 广播预报到达时间时,提醒旅客将回收 PMD 娱乐设备。

➢ 落地前 20min 逐一收回。

6. 归还衣物、道别服务

➢ 落地前 30min 预报时间、温度,我们尽可能利用归还衣物的契机,向头等舱的旅客逐一致谢、道别。

➢ 归还衣物时,请双手递给旅客并口头确认。

➢ 对于还在休息的旅客,我们暂时不要打扰到他们,准备好热毛巾和矿泉水,以备在下降安全检查时,及时提供必要的关怀。

7. 飞行机组服务

➢ 飞机着落前 30min 为机组提供热毛巾,并收回驾驶舱饮料杯等不需要的物品。

8. 下降致谢、安检

> 服务的优劣在于服务的一致性、延续性和连贯性,我们曾经在航班伊始向我们的旅客表达欢迎之情,那同样在服务的尾声我们的旅客表达感谢之意。

9. 广播下降致谢广播词

➤ 根据岗位分工,听到广播后乘务员站在相应位置,如果在客舱内有工作,可原地站立,面向旅客,并行鞠躬礼。

➤ 婉转地唤醒还在睡觉的旅客,并送上热毛巾和饮料,同时将目的地天气情况告诉旅客,并向旅客道别、致谢。

➤ 根据安全要求完成安全检查。

9.2.6 飞机停稳后

1. 归还保管物品并作随身物品提醒

➤ 归还婴儿推车、衣袋、箱包等保管物品。

➤ 及时提醒旅客不要遗忘随身携带的物品,并协助提拿旅客行李。

2. 送客服务

> 飞机抵达目的地,对我们来说是一段航程的结束,但对于旅客却是下一段旅行的开始。自始至终保持良好的精神面貌与亲切平和的心境,不但向头等舱旅客展示了我们职业优雅的习惯,更能让头等舱旅客感受我们不减的热忱,与永保青春活力的东航精神。

3. 确保两舱旅客优先于经济舱旅客下机

➤ 主动帮助高端旅客及特殊需要帮助的旅客提拿行李,并与地面接机人员做好交接工作。

➤ 发自内心的微笑与旅客道别,向旅客欠身点头致意以表示对旅客再次惠顾的期待和感谢。

➤ 雨具服务:雨天远机位时,协助地面服务人员为旅客提供雨具送旅客下机。(根据两舱乘务员人数而定,必须保证有一名乘务员在机门口送客。)

9.3 民航乘务员经济舱服务程序和标准

9.3.1 旅客登机前

1. 旅客信息获取

> 流畅的空中服务,需要我们在地面完成一些相应的服务用品准备工作,这将有助于我们在起飞后有条不紊地开展各类服务项目。

➤ 客舱经理(带班乘务长)通过移动客舱 PDA 或纸质 PIL 名单获取信息。

➤ 获取本航班旅客人数、金银卡旅客的座位号/偏好信息、特殊旅客的座位号/需求以及特殊餐等信息。

➤ 获取本航班中转旅客信息,为不正常航班期间的旅客沟通掌握主动权。

➤ 备注:根据各航站的资源情况做相应的时间调整。

2. 召开临时准备会

➤ 将获取的旅客信息传达给组员并做相应分工。

3. 饮料、酒类的储存

> 各种酒水、饮料都有最适宜的温度来体现它的最佳口味,让旅客能舒心地品味并享受着,不妨事先请将相关的饮料冷藏。

➢ 请上机后及时打开冷藏箱按钮,冷藏各类饮料。

➢ 将啤酒、白葡萄酒冰镇,鲜牛奶冷藏。

4. 报刊准备

请不要将所有报纸都堆积在小推车上,登机时关注报纸的剩余情况,进行报纸的添补,以确保后面登机的旅客也有机会获取报纸。剩余报纸很多,可在平飞后进行发放;报纸被取完,与有需求的旅客沟通,并主动关注其他旅客阅读报纸的情况,适时作相应调整。

1)靠廊桥的航班

➢ 用小推车将报纸、"东方万里行"会员申请表摆放在机门口供经济舱旅客自行拿取。

2)不靠廊桥的航班

➢ 双通道机型:将各种书报杂志整齐地摆放在机门进口处的服务舱台面上,供旅客自行取拿。

➢ 单通道机型:将各种书报杂志整齐地摆放在经济舱第一排靠过道的座位/小桌板上,供旅客自行取拿。

5. 其他餐饮辅助服务用具(品)准备

➢ 准备好糖包、奶包、搅拌棍。

➢ 准备好托盘、垫盘纸。

➢ 准备好饮料格、冰桶、冰夹、面包篮/夹等服务用品,并确认用具(品)的整洁干净。

➢ 准备茶包、咖啡包,为不影响咖啡、茶的饮用品质,地面期间不要冲泡。

6. 机上洗手间卫生与用品确认

➢ 摆放并确认洗手间用品齐全。

➢ 确认洗手间环境整洁,香味清新。

➢ 卫生标准:无异味、无积尘、无积水、无阻塞、无杂物、无锈迹、无水渍。

➢ 清洁范畴:镜面、水池、台面周围、马桶盖板及周围、地面及周围凹槽。

7. 旅客登机前的最后准备

➢ 清舱。

➢ 再一次自查、互查仪容仪表,展现最佳的精神面貌,以留给旅客美好的第一印象。

➢ 客舱站位:根据岗位分工站在相应位置,恭候旅客。

➢ 播放登机音乐,音量适宜。

➢ 灯光100%,适宜的客舱温度为24℃左右。

➢ 刷新移动客舱PDA系统,获取经济舱高端旅客和金银卡旅客姓名、座位、需求、偏好等信息。

9.3.2 旅客登机——起飞前

让我们面带微笑,用友好、热诚的问候来欢迎经济舱旅客的光临。

如果我们能确认他(她)的国籍,且使用本土化的母语问候,对旅客而言那将是一份亲切与欣喜。

任何时候,稍弯腰的服务姿态都能表达尊敬和诚意,直挺挺的站立只会让人感到"拒人于千里之外"的冷漠。

1. 迎客服务

客舱乘务员要明确此时给予旅客恰到好处而及时的服务远远胜于按照服务程序来操作,眼明手快并察言观色,能帮助我们懂得旅客的需求顺序,以便更妥善地解决。

➤ 机门口迎客时,用友好而发自内心的微笑迎接旅客,目光亲切和蔼,主动问候旅客,不要一直盯着登机牌,应与旅客有目光的交流和语言的问候,语气温婉,声音柔和,并将特殊旅客引领至分管区域的乘务员。

➤ 客舱内迎客时,面带微笑,亲切友好地主动问候每一位经过身边的旅客。

➤ 引导第一位旅客入座并及时协助需要帮助的旅客摆放行李,保持过道畅通。

➤ 使用礼貌用语,明确地指引旅客快速找到自己的座位。

➤ 我们的爱心和友善应体现在对特殊旅客的照顾上,当你看到老人、带小孩的旅客、孕妇、残疾等特殊旅客,主动帮助他们妥善摆放行李并加以确认。介绍座椅、洗手间等设施,主动询问残疾等特殊旅客是否需要帮助,让他们一上飞机就感受到来自家的温暖。

➤ 特别关注坐在出口座位前排的旅客,提前告知座椅靠背不能放倒,取得旅客的谅解。

2. 机上升舱服务

旅客提出这个需求,也许说明他对空中服务的肯定与满意,也许暗示他对我公司的需求将会更加长远,以更诚挚的服务来留住这些有实力的旅客。

➤ 结合头等(公务)舱空余座位情况,使用积分或现金为旅客办理升舱服务。

➤ 办理完相应的手续后,引导升舱旅客入座,并协助安放行李。

➤ 旅客升舱后享受相应舱位服务。

➤ 避免安排在重要旅客旁。

➤ 备注:按照升舱操作流程实施(权益书签字、价目明细表等),权益书上对于餐食等事宜均有说明。

➤ 移动客舱 PDA 系统旅客积分兑换需系统支持。

3. 自我介绍问候服务

➤ 收到高端旅客、金银卡旅客、(超级)精英旅客名单信息后,采取姓氏(姓氏 + 职务方式)称呼旅客,并及时提供报纸、毛毯、枕头等系列服务,并做自我介绍以表达欢迎和尊重。

➤ 如果地面没有足够的时间完成此项服务,可以在平飞后尽快完成。

4. 特殊需求确认

无论旅客是否有预订特殊餐食,他们的特殊需求都是我们所关注的。询问一声进行确认,或是想尽办法帮助他、善意地指导他下次乘坐飞机如何预订,都表明我们是多么注重旅客的特殊需求。

➤ 空中乘务人员根据移动客舱 PDA 或纸质 PIL 名单提供的特殊需求信息,与相关旅客确认。

➤ 当接到特殊需求通知时,我们应与相关旅客确认并告知其他乘务员,相互提醒避免忽略和遗忘。

5. 细微服务

➤ 根据高端旅客、金银卡旅客、(超级)精英旅客信息,提供个性化服务并细心收集更多信息。

➤ 主动为儿童提供毛毯,以体现我们对儿童的关爱,让家长感受到他们的孩子受到了关注和关心,并提升对我们服务的信任度。

➤ 主动为怀抱婴儿的旅客提供枕头,并提醒坐在过道座位的旅客不要将头朝过道方向怀抱婴儿。

➤ 为需要的旅客挂放衣物,收取旅客登机牌或记录号,妥善存放旅客的衣物。为了避免引起归还时不必要的麻烦,请善意提醒取出贵重物品。

6. 欢迎词并致礼

客舱经理(带班乘务长)的亲自广播,加上全体乘务员的问候致礼,无一不表达出我们对旅客的尊重,就让这份尊重自始自终贯穿于我们为旅客的服务中。

➢ 机门关闭待命后,客舱经理(带班乘务长)立即进行欢迎词广播,乘务组根据广播进行致礼服务,欢迎词广播结束后进行安全须知的播放/演示。

➢ 如机门关闭后飞机立即推出,应立即进行安全须知的播放/演示和安全检查,待飞机平飞后再进行欢迎词广播和致礼服务。

➢ 欢迎词播报同时,乘务员可以在客舱中的任意位置向周围旅客致问候礼,营造亲切、祥和的服务氛围,给旅客留下诚恳、真实的印象。

➢ 致礼结束,缓步巡视客舱同时与周围的旅客有目光或语言的交流。

7. 起飞前安全检查

➢ 根据安全要求完成安全检查,并及时锁闭洗手间。

➢ 及时入座,与座位对面的旅客微笑点头示意并注意坐姿。

呼唤铃的处理是体现我们服务品质的重要环节。当呼唤铃响起时,我们应及时处理。但是在起飞、着陆或飞机重度颠簸过程中,我们可以稍后处理,当你来到旅客身边时,应面带微笑先向旅客表示歉意,再简单说明原因,并询问旅客的需求。

9.3.3 平飞——第一餐供餐结束

当要离开座位时,如果我们正巧与对面的旅客有目光的接触,不要视而不见,如同入座时一样,微笑着点头示意后,慢慢离开座位,并用手扶住座椅轻轻归位。

当客舱里有两位旅客同时叫我们,如何应对?

如果当时只有我们其中一人在场,可向远离一点的旅客微笑示意,表示已看到。先为近距离的旅客服务,然后为远距离的旅客服务,并对他的配合表示谢意。

1. 洗手间开启和清洁

洗手间应始终保持干净和整洁。

如果是中、远程航线,请在平飞期间摆放塑料杯供旅客洗漱用。

➢ 飞机平飞后,第一时间开启洗手间门锁并确认用品摆放规范。

➢ 及时添补洗手间用品,始终保持洗手间卫生良好。

➢ 如有旅客等候在旁,与旅客做好解释沟通。

2. 拉合门帘

每当需要拉合或拉开门帘时,请记得握住帘子的上端,这样才能真正做到轻盈,请不要随意甩手将门帘扬起,门帘摆动幅度过大会使坐在附近的旅客感到不舒服,甚至影响到他的用餐和休息。

➤ 及时拉上分舱门帘:细握微拉帘子的上端,若有旅客注视,与旅客微笑点头示意后,再轻轻将帘子全部拉合。

3. 婴儿摇篮服务

> 婴儿是父母和老人们生命的延续,是他们的心肝宝贝,如何为家长排忧解难,如何为他们提供便捷、贴心的服务,是需要我们用爱心来呵护的。
>
> 婴儿摇篮的安全使用极为重要,耐心指导摇篮安全带的系扣,细心铺垫毛毯、枕头,专业区分摇篮的左右方向,都是优质服务的体现。

➤ 为婴儿提供摇篮时,打开摇篮,当旅客面安装,并确认安全后使用。
➤ 铺好毛毯、枕头,提醒旅客将婴儿的头部朝里安放,并拉好保护带。

4. 补救服务

> 世界上没有百分之一百的满意服务,因此补救服务变得尤为重要,及时性补救是关键,第一个实施服务补救的乘务员能带给旅客什么样的心理感受、能为他排忧解难到什么程度,直接影响到最终的结果:是满意或更不满意。
>
> 服务的真谛——使满意的旅客更满意,使不满意的旅客变得满意。

➤ 根据移动客舱 PDA 系统提供的旅客历史事件信息或现场传递的信息,对其实施服务补救或个性化服务。
➤ 服务补救包括:再次代表公司向旅客表示歉意,对其给予的理解表示感谢。
➤ 同时可根据以往事件的性质和情节轻重,利用周围的资源尽可能地给予相应的服务补偿。切记规避二次不满意。
➤ 客舱经理(带班乘务长)可根据《快速处置方案》及时给予旅客补偿。
➤ 做好服务补救记录及反馈。
➤ 记录机上发生的需后续补救的服务信息。

5. 细微服务

➤ 为睡觉的旅客轻轻拉下遮光板,关闭阅读灯。
➤ 主动提供金银卡旅客、(超级)精英旅客餐食优先预选,并做好记录,与舱位乘务员互相提醒。
➤ 细心关心本舱位的特殊旅客,给予特殊需求满足。
➤ 如果报刊杂志有多余,巡视客舱的时候,请带上它们,询问正在阅读的旅客是否需要为他(她)打开阅读灯,避免盲目地替旅客做主,有时你所认为的帮助,并非是旅客需要的。
➤ 与旅客交谈时采取稍弯腰或下蹲的姿势,体现出我们的礼貌与谦卑。
➤ 与旅客进行适当的交谈,对高端旅客、金银卡旅客、(超级)精英旅客全程实行"姓氏称谓服务"。
➤ 在飞机遇到气流,对旅客安全带进行检查时,安抚旅客情绪。

> 诚然有时资源很少,但是有经验的你肯定知道,在空中总会有旅客会向你提出需要报纸,所以在地面准备时,技巧性地收藏几份报纸、餐饮结束后整理些旅客阅读完的报纸,这样你的资源就不再那么相形见拙了,服务的灵活性掌握在我们手中。

6. 礼品的提供

➤ 面带微笑,双手递送到旅客手中。

➤ 为了体现我们的诚意和感谢,同时送上祝福。

7. 广播服务

➤ 中远程航线第一餐,客舱经理(带班乘务长)根据供餐时间,安排供餐分舱广播。

➤ 远程航线第三餐,分舱广播。

8. 供餐前准备及餐饮服务

> 用餐是空中服务一个较为重要的环节,旅客通过乘务员提供餐食和饮料来感受我们真诚友好的情感服务。
>
> 对于热食的选择,很难做到百分百的满意。诚恳的态度及服务技巧的灵活运用显得尤为重要。

➤ (远程航线)为旅客提供餐卡,以便旅客选择餐食。

➤ 根据确认过的特殊餐名单,优先为旅客提供特殊餐食。

➤ 根据金银卡旅客、(超级)精英旅客的选择,为其保留所选择的餐食,并适时服务。

➤ 为所有旅客提供餐饮服务,并及时收回旅客用完的餐盘。

➤ 请参照《经济舱餐饮服务标准和供餐程序》操作。

9. 供餐结束后的各项服务

> 这个时候是旅客使用洗手间频率最高的时刻。谁也不愿意踏入一个一片狼藉的洗手间。及时关注洗手间的卫生,添加卫生用品并保持洗手间整洁。
>
> 确保有乘务员始终关注客舱,至少15min巡视一次客舱。

10. 会员服务

> 公司的效益来自于客流量和旅客的忠诚度。只要我们多一点额外服务,多一些适时的沟通,来满足甚至超越旅客的期望,能让更多的普通旅客发自内心成为我们的会员旅客,并让他们成为我们的常客。

➤ "邀请旅客入会"广播后,主动为旅客介绍"东方万里行",并帮助有意愿的旅客快速注册,于移动客舱 PDA 系统录入信息。

➤ 根据旅客需求,帮助旅客查询积分。

➤ 根据旅客需求,帮助旅客补登积分。

➤ 根据旅客需求,帮助旅客使用积分购买机上免税品。

备注:

➤ 由常旅客系统自动滤除重复的补登积分。

➤ 中免公司提供积分购物服务。

11. 旅行用品服务

> 人与人之间如果只有利益维系,那生活、工作将变得有如一台机器,机械、枯燥而又乏味,生命和存在将失去爱与灵动的意义。
>
> 让我们付出的关怀洒满客舱,温暖旅客,也感染自己,客舱里的阳光将何等灿烂!

- 为睡觉的旅客轻轻拉下遮光板,关闭阅读灯、盖上毛毯。
- 持续关心本舱位的特殊旅客,给予悉心照顾。
- 为不舒服的旅客递上温开水、热毛巾,并安抚旅客情绪。
- 为旅游客介绍地标,飞行时间、目的地旅游景点等,提供聊天服务。
- 在飞机遇到气流,不但提醒旅客系好安全带,还安抚好旅客情绪。
- 通过观察,适时为需要帮助的旅客讲解座椅调节等服务设施的使用。

12. 增值服务

平淡的生活需要惊喜,平稳的旅途需要精彩,当精心安排的一个祝福不经意来到旅客面前,带给他们的不仅仅是欣喜,更多的是感动。此时我们已留住了旅客的心,留住了他们今后的选择。

- 根据移动客舱 PDA 系统提供的旅客生日信息,为当天生日的旅客送上有机组签名的生日贺卡、蛋糕、红酒以示庆贺,营造温馨氛围。
- 节日期间,通过客舱广播传达对旅客节日的问候。
- 根据移动客舱 PDA 系统提供的旅客纪念日信息,为旅客提供纪念日服务,送上水果、蛋糕、红酒以示庆贺。
- 根据各类主题活动,设计特色服务方案,并提供相应的特色服务,以营造愉快祥和的氛围。

备注:
- 机供品需要有相应的配备保障。

13. 客舱整理

干净整洁的客舱环境影响着每一个人的心境和情绪。

- 及时清理旅客座椅周围及过道,收回旅客不用的报纸、毛毯袋、杯子等杂物。

14. 洗手间清洁

洗手间的整洁需要我们花费更多的精力去维护,谁也不愿意踏入一个一片狼藉的洗手间。整洁的洗手间文化展示了我们积极的工作态度。

- 及时清洁洗手间、添加洗手间用品。
- 确保洗手间清洁。
- 指引旅客使用经济舱的洗手间。

15. 免税品服务

对于转机或时间紧张没能在候机室购物的旅客,机上免税品是他们所期盼的服务,保证销售知识的专业性和销售程序的规范是赢得旅客信任的关键。

- 优先提供两舱旅客免税品销售服务,其次为经济舱旅客销售。
- 根据移动客舱 PDA 提供的旅客免税品订购信息,为旅客提供网上预订、机上付款取货服务。
- 主动推介"凌燕"礼品,推广"凌燕"品牌的优质服务。
- 与旅客一起确认物品、钱款以及收银小票。
- 保证销售知识的专业性和销售程序的规范性。

> 免税商品销售期间应尽量避免在同一旅客处停留过长时间,以免影响其他旅客休息。
> 如果没有旅客选择的型号,先致以歉意,随后帮助旅客选择相似的型号或后续的预订服务。
> 为旅客提供预订服务时,需向旅客提供免税品预订单并做好记录。免税品预订单与机上免税品出售表一并与中免公司交接。(仅限下次搭乘东航国际航班的旅客。)

备注:(开展此服务需要中免公司支持,确保预订免税品送上航班。)

9.3.4 值班期间——第三餐供餐前

1. 值班

> 原则:各舱位实行两人制值班。
>
> 大夜航航班(始发站19:00分以后起飞的航班),各舱位实行一人制值班,根据实际情况增加前后两人值班重叠时间。
>
> 在保证质量的前提下,客舱经理可根据优化配置飞行、旅客人数适当调整值班人员的安排。

2. 客舱巡视

> 值班时注意保持站立服务,避免做与安全和服务无关的事,及时发现旅客的需求并提供服务。

> 感受客舱的环境温度,留意客舱温度是否合适(保持在22℃~24℃)。
> 保持客舱的安静整洁。缓慢地在客舱里行走,放轻脚步,同时观察旅客的动态,及时发现旅客的需求;厨房里不要发出巨大声响以及刺耳的声音,如开关干果箱、餐车,压扁矿泉水瓶的声音,降低说话的音量,避免打扰旅客。
> 始终保持有乘务员关注客舱,至少每15min巡视客舱,及时提供各类饮料服务,及时满足旅客的需求。
> 主动提供个性化服务。
> 加强客舱监控,及时处理呼唤铃。
> 保持洗手间清洁,及时补充洗手间卫生用品,指引旅客使用经济舱的洗手间,确保高舱位洗手间的专属性。
> 关注录像片和地标的播放情况。

3. 旅客沟通服务

> 请缓慢地走在客舱中,细心关注本舱位的每一位旅客。不要让旅客还未来得及提出要求,你已经匆匆从他身边走开了……
>
> 记住微笑着与你有目光接触的旅客点头示意,开启旅客话匣的是我们的热情与真诚。

> 亲切、友好的与高端旅客及需要照顾的特殊旅客等进行沟通,营造主动沟通、乐于沟通、勤于沟通的氛围。
> 参考沟通方式:
> 征求旅客对餐饮和服务的意见;
> 主动向旅客介绍东航服务产品;
> 帮助旅客交换书报杂志;
> 提供扑克等娱乐用品;

介绍飞行常识、目的地风土人情等。

值班时注意保持站立服务,避免做与安全和服务无关的事,及时发现旅客的需求并提供服务。

> 如何帮助带小孩的旅客。
>
> 小孩子很活泼好动,父母常常会被耗得筋疲力尽。
>
> 如果能送小朋友一件小礼物,陪小朋友玩一会,让父母能休息一会,他们一定会非常感谢。
>
> 如果飞机上的礼品有限,我们可以自己动手做一些折纸或者提供小朋友笔和纸与他一起画画。

4. 乘务员交接

> 交班的乘务员在下班前,为旅客提供一遍饮料,再次清理洗手间,整理服务舱,留给下一位接班乘务员一个整洁有序的客舱和服务舱环境。

➤ 远程航线乘务员须填写《远程航线客舱服务总概况》,在值班记录上记录值班期间需要关注的事宜,交接旅客特殊需求。

➤ 交接物品的摆放以及数量:矿泉水、杯子等。

➤ 通常交接班时间重叠 10min 左右。客舱经理(带班乘务长)可根据旅客人数,调整交接班时间。

➤ 交接班乘务员在此时间段中做好个人仪容仪表准备,两位乘务员当面做好交接工作。

5. 供第二餐服务

➤ 请参照《经济舱餐饮服务标准和供餐程序》操作。

6. 供第三餐前的准备

1)乘务员自身的准备

➤ 提前 15 分钟,进行第三餐供餐的各项准备。

➤ 整理仪容仪表,以最佳的精神面貌为旅客供餐。

2)服务舱餐饮准备

➤ 餐饮准备期间必须拉合厨房隔帘,做到说话轻、动作轻、脚步轻。

3)客舱准备

➤ 逐渐调亮客舱灯光。

> 此时洗手间的使用频率较高,我们应及时清洁洗手间并添补各类卫生用品、塑料杯等。

➤ 进行客舱巡视,并清理过道及旅客座椅附近的杂物。

➤ 观察旅客动态,长时间的飞行是否有旅客不适。

➤ 通过观察与沟通,了解旅客对我们的服务是否满意,如有不满意,请及时弥补,这是整个航程最后的机会。

7. 供第三餐服务

➤ 请参照《经济舱餐饮服务标准和供餐程序》操作。

9.3.5 第三餐供餐结束——下降前

1. 发放 CIQ 表格

> 经常有旅客对入境单和海关单的填写不知所措。不会写英文,该怎么申报,什么物品被禁止带下飞机…… 这时我们应该多一些客舱巡视,耐心地为他们提供帮助。

➢ 询问旅客是否需要 CIQ 表格。

➢ 根据旅客需求发放相应语言的 CIQ 表格,并指导旅客正确填写。

2. 阳光健身操

> 长时间在这样有限的空间坐卧是非常辛苦和疲劳的,所以我们经常会看到旅客在中远程航线上把自己释放出座椅外,伸伸腿、甩甩手,阳光健身操是我们带给旅客的绿色健康操。

➢ 远程航线上,飞机到达前 50min 播放阳光健身操。

➢ 外场乘务员在各自区域的前部领操。

➢ 积极对旅客给予指导,加强与周围旅客的互动。

3. 客舱整理

> 干净整洁的客舱环境影响着每一个人的心境和情绪。

4. 及时回收餐卡

➢ 及时清理旅客座椅周围及过道,收回旅客不用的报纸、毛毯袋、杯子等杂物。

5. 洗手间清洁

➢ 此时洗手间的使用频率仍然较高,注意及时清洁洗手间、添加卫生用品。

➢ 指引旅客使用经济舱的洗手间,确保高舱位洗手间的专属性。

> 洗手间的持续整洁需要我们花费更多的精力去维护。
> 洗手间能持续保持清洁,在某种意义上展示的是公司文明服务的星级标准。

6. 旅客关怀服务

➢ 特殊航线喷洒药水时,在广播的同时为高端旅客递上一块热毛巾,再一次体现我们服务的细致与周到。

7. 中转信息服务

> 当旅客得到我们提供的中转信息后,他的心情会轻松很多,因为这本是在候机厅才能看到的信息,他会感觉有目标、有方向,很踏实,不再忐忑。

➢ 根据 AIRSHOW/ACARS/移动客舱 PDA 获取转机旅客名单和相关信息,通过广播、个别告知的方式传递给旅客转机信息。

8. 道别服务

> 下机时,带小孩/婴儿的旅客常常是最忙碌的。
> 他们要为孩子准备衣物,要为刚醒来的婴儿冲喂奶粉。
> 如果我们能提前告知到达时间和目的地的温度,询问并帮助冲喂奶粉,并提醒洗手间的高峰时间以及关闭时间,就能让旅客更加从容。
> 别忘了收回婴儿摇篮。

➢ 利用提前预报时间、温度的契机,适时与高端旅客道别,并表示感谢和敬意。

➢ 归还旅客保管物品并与旅客道别。

➢ 与需要照顾的特殊旅客进行沟通并确认下机时的注意事项。

9. 下降致谢、安检

> 服务的优劣在于服务的一致性、延续性和连贯性,我们曾经在航班伊始向我们的旅客表达欢迎之情,那同样在服务的尾声向我们的旅客表达感谢之意。

➢ 根据岗位分工,听到广播后乘务员站在相应位置,如果在客舱内有工作,可以临时站在旅客看得见的位置上,行鞠躬礼。
➢ 婉转地唤醒还在睡觉的旅客,递上一杯温开水,并向旅客道别、致谢。
➢ 根据安全要求完成安全检查。
➢ 及时入座,与对面的旅客微笑点头示意,并注意坐姿。

9.3.6 滑行——飞机停稳后

1. 滑行时的注意事项

> 当飞机还没有完全停稳时,我们要时刻关注客舱动态,当飞机一着陆,有些旅客就会打开手机或站起身打开行李架拿取行李,为防止其他旅客效仿,我们应该在第一时间提醒旅客关闭手机,或在座位上坐好,等飞机停稳后再站起来。

➢ 当飞机还没有完全停稳时,我们要时刻关注客舱动态。
➢ 请站起来的旅客坐好。

2. 送客服务

➢ 请头等舱/公务舱旅客、经济舱高端旅客优先下飞机。
➢ 主动帮助高端旅客及需要特殊帮助的旅客提拿行李,并与地面接机人员做好交接工作。
➢ 航班不正常时,开门后及时将中转旅客交接给地面接机人员。
➢ 站立在客舱尾部的乘务员应主动与周围的旅客致谢道别,并送别旅客直至离开本舱位。
➢ 主动协助需要帮助的旅客下机。
➢ 归还婴儿推车、衣袋、箱包等保管物品。

> 飞机抵达目的地,对我们来说是一段航程的结束,但对于旅客却是下一段旅行的开始。面带微笑,目光关注经过的每一位旅客,真诚地与旅客道别并致谢,同时送上祝福。
> 一定不要让旅客看到我们松散的姿态和疲惫的妆容。虎头蛇尾,不是我们的工作做派。
> 保持自始至终的良好精神面貌,才是我们职业、优雅的习惯。

第10章 其他客舱设备及服务

在从事旅客运输方面,除了航空方式以外,铁路、轮船也是很重要的运输方式,同时随着竞争的不断加剧,铁路与轮船也在不断规范和完善旅客服务。作为服务业,在管理和实施方面,铁路、轮船与航空有相通的地方,但也有其不同之处。

10.1 动车组的定义与分类

高速铁路运输(High Speed Railway Traffic)一般指列车时速为200km～400km的铁路运输。中国铁路第六次提速后,"京津城际铁路"、"长城号观光线"、"京沪、京杭卧铺式动车组列车"等运输产品应运而生,在我国铁路建设史上具有里程碑的意义。

10.1.1 定义

带动力的车辆叫动车,不带动力的车辆叫拖车组。由若干带动力的车辆(动车)和不带动力的车辆(拖车)组成的,在正常使用寿命周期内始终以固定编组运行、不能随意更改编组的一组列车称为动车组。动车组技术源于地铁,是一种动力分散技术。一般情况下,普通列车是依靠机车牵引的,车厢本身并不具有动力,是一种动力集中技术。而采用了"动车组"的列车,车厢本身也具有动力,运行的时候,不光是机车带动,车厢也会"自己跑",这样把动力分散,更能达到高速的效果。

中国铁路第六次大面积提速于2007年4月18日零点起正式付诸实施,上线运行的动车组名称为"和谐号"。原名CRH系列,CRH是China Railway High-speed(中国铁路高速)的缩写,目前有CRH1～CRH5几种型号。这些型号分别从日本、德国、法国等国家引进先进技术,并消化吸收及国产化,成为"具有我国自主知识产权"的动车组产品系列。

CRH1由庞巴迪—四方—鲍尔(BSP)生产,原型是庞巴迪为瑞典AB提供的Regina,200km级别(营运速度200km/h,最高速度250km/h)。

CRH2由南车四方(联合日本川崎重工)生产,200km级别(营运速度200km/h,最高速度250km/h)。新车CRH2C作为京津城铁的专用车在2008年8月投入使用。

CRH3由河北北车唐山机车厂(唐车)(联合西门子)生产,原型ICE3,300km级别(营运速度330km/h,最高速度380km/h)。

CRH5由北车长春客车厂(联合阿尔斯通)生产,原型阿尔斯通为芬兰国铁提供的SM3型。200km级别(营运速度200km/h,最高速度250km/h)。

其中CRH2和CRH5具备提速至300km/h的条件。

10.1.2 分类

按照中华人民国和国铁道部颁布的《铁路技术管理规程》(2007年4月1日起实施的版本)第146—149条之规定:动车组按牵引动力方式分为内燃动车组和电力动车组;按动力配置方式分为动力集中方式动车组和动力分散式动车组。

1. 按动力类型分

（1）内燃动车组（DMU——DieselMultiple Unit）——由柴油机提供动力。

（2）电力动车组（EMU——ElectriMultiple Unit）——由牵引接触网提供动力。

2. 按动力配置分

（1）动力集中式：是指将整车动力集中在动车组一端或两端的车辆上，其余中间车辆不带动力（即为拖车），与常规意义上的机车牵引若干车辆的列车类似。

（2）动力分散式：是指将整个动力分散到动车组的若干车辆上，中间车辆有带有动力的（即动车），也有不带动力的（即拖车），也可以全部车辆都带动力。

跟用机车拖动普通车卡相比，动车组的优点是：

动车组在两端都有驾驶室，列车掉头时无需先把机车在一端脱钩后再移到另一端挂钩，大大加快运转的速度，亦可以用推拉操作达到一样的效果。同时亦减少车务人员的工作及提高安全性。

动车组可以容易组合成长短不同的列车。有些地方的动车组会先整成一列，到中途的车站分开成数截，分别开向不同的目的地。

动力分散的动车组动力效率较高，特别是在斜坡上。动车组车卡的重量放置在各个带动力的车轮上，而不会成为拖在机车后面无用的负重。动车组上的动力轴对路轨黏着力的要求较低，每轴的载重也较少。因此选用动车组的高速铁路路线，对路线的土木工程及路轨的要求都较低。

电力动车组因为有较多的电动机，所以再生制动能力良好。对于停站较多的近郊通勤铁路、地下铁路，这个优点特别明显。

因为动车组运转快、占地小，行走市郊的通勤铁路很多都是动车组。轻便铁路、地下铁路使用的也几乎全是动车组。

10.1.3　动车组列车编号构成

CRH 动车组列车编号由"CRHx OOO Z"几部分构成。其中：

CRH 是中国高速铁路动车组简称。

x 是技术序列代码。BSP 动车组为 1，四方动车组为 2，唐山工厂动车组为 3，长客动车组为 5。

000 是制造序列代码，有 001 ~ 999 挂列。

Z 是型号系列代码，以 A、B、C 为速度等级、车种确定：

A——运行速度 200km/h，8 编组，座车；

B——运行速度 275km/h，8 编组，座车；

C——运行速度 300km/h，8 编组，座车。

如动车编号" CRH1 003 A"，意指"BSP EMU CRH1，第 3 列，运行速度 200km/h，8 编组，座车"。

10.2　动车组关键技术与主要设备

10.2.1　关键技术

1. 系统集成技术

CRH 系列动车组的设计制造过程就是一个系统工程。近万余个涉及到电子、微电子、计算机技术、网络技术、通信技术的零部件，参与设计和制造的企业遍及机械加工、非金属材料、电气制造等领域多达 100 多家。

2. 流线型与轻量化技术

通常情况下,列车运行每牵引 1t 质量大约要消耗 12kW,速度达到 300km/h 时,每牵引 1t 重量大约要消耗 16kW ~ 17kW。因此,世界各国的动车组均采用轻量化技术和流线型车头外形来降低列车自身能耗。

CRH 系列动车组除了根据空气动力学做出了最优的车头形状选择外,车体在引进消化创新的基础上,还分别采用了大型中空铝合金材料或不锈钢薄筒型轻量化结构,使得动车组车体重量比传统机车车辆减轻了 50%。

轻量化技术也体现在 CRH 系列动车组转向架技术中。采用焊接构架、空心车轴、小直径车轮、铝合金轴箱和齿轮箱,大大降低了动车组自重。

3. 牵引制动技术

牵引传动是高速列车的关键技术之一。CRH 系列动车组的牵引系统采用先进的交—直—交传动方式。牵引系统的变流器模块采用先进的 IGBT/IPM 电力半导体器件,具有驱动简单、开关频率高等特点,构成的变流器传动平稳,能够有效抑制空转和滑行,输出功率大。一组交流传动的动车组功率可以达到 8800kW。

CRH 系列动车组制动系统采用了微机控制的电—空复合制动方式,即"动力制动优先、空气制动补充"。在高速制动时,列车首先采用再生制动方式,利用电动机—发电机的可逆效应将高速运行列车的动能转化为电能并回馈电网;当动车组速度降至 90km/h 时,启动拖车的机械制动;速度降至 30km/h 时,再启动动车机械制动。整个制动系统完全由计算机控制,不仅能够按照预置的制动模式控制曲线实现平稳、准确调速和停车,而且充分发挥了再生制动的节能作用,200km 时速的列车制动距离小于 2000m,达到了世界先进水平。

4. 转向架技术

转向架技术是以轮轨关系为基础的轨道交通的核心技术。转向架是列车车身与车轮之间的连接部件,集承载、牵引、缓冲、转向、制动功能于一身,其重要性和可靠性始终处于动车组设计的关键位置,是高速动车组的核心部件。

CRH 系列动车组的转向架分为动力转向架和非动力转向架,其主要部分采用基本一致的结构形式,均为无摇枕转向架,空心车轴轮对,整体轧制车轮,磨耗型踏面,空气弹簧;采用多自由度刚度和阻尼控制悬挂结构,减少了轮轨作用力,提高了运行品质,高速运行具有良好的稳定性和舒适性。制动采用了盘型制动技术,制动力大,灵敏可靠,整体可以满足最高时速 200km ~ 350km 的运行要求,实现了高速转向技术的突破。

5. 网络控制技术

在列车中,动车组的各个运营工作情况(如牵引、制动灯),为旅客提供的大量服务设施等都是靠电子计算机来控制的。列车根据预先设定的速度曲线在线路上运行,根据车外的温度调整车厢内的温度和风量,报告和发布旅客信息,对列车重要设备进行自我诊断和故障检测等,以保证旅客的乘车舒适度和安全。

CRH 系列动车组具有列车——车辆两级控制网络,在故障导向安全模式下对全列车所有设施、设备、以及操作人员的操作进行监视、控制,随时保持和地面控制中心的联系,实现了列车与车辆的信息化管理。

10.2.2 主要设备

以 CRH1 系列为例,如图 10.1 ~ 图 10.3 所示。

CRH1-00号车(Mc2)

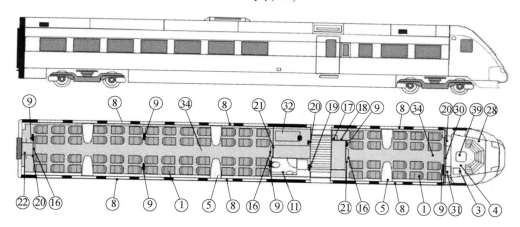

图 10.1　CRH1 - 00 号车内设备

CRH1-02号车(Tp1)

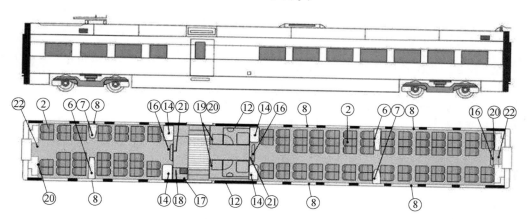

图 10.2　CRH1 - 02 号车内设备

CRH1-03号车(M1)

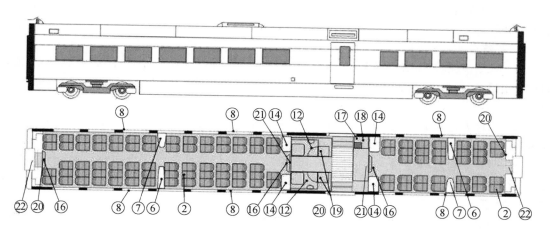

图 10.3　CRH1 - 03 号车内设备

图中各标号所指设备如表10.1所列。

表 10.1　CRH1 型车上设备标注

标号	设备	标号	设备	标号	设备	标号	设备
1	一等车座椅	11	厕所/坐式	21	客室门	31	LKJ 主计算机
2	二等车座椅	12	厕所/蹲式	22	通过台门	32	ATP 装置
3	折叠椅	13	厕所/残疾人	23	吧台	33	乘务室门
4	司机室灭火器	14	行李架/500	24	轮椅位置	34	走廊地毯
5	一等车桌子	15	餐车桌子	25	餐桌	35	站立就餐桌
6	二等车桌子/大	16	信息显示屏	26	乘务员室	36	扶手
7	二等车桌子/小	17	洁具室	27	轮椅升降装置	37	客室分隔屏
8	逃生窗	18	热水炉	28	司机操纵台		
9	显示屏	19	垃圾箱	29	司机座椅		
10	餐车储藏间	20	灭火器	30	司机室门		

10.3　列车员服务规范

高速铁路是一项集各项最先进的铁路技术、先进的运营管理方法、市场营销和资金筹措于一体的十分复杂的系统工程,是一个高效率的运营体系。

新的动车组列车乘务工作模式也有很大变化。列车上只配一长(列车长)、一员(列车员)、两名配餐员和两名保洁员,乘务工作要求更高效有序。

动车组乘务人员的专业形象是:活力、热情、文明、自信。

10.3.1　姿态要求

1. 站姿

(1) 挺胸收腹,双肩下沉,颈部正直,收下颚,身体自然挺直,面带微笑。

(2) 女性客运人员:双脚并拢右脚略向后,脚尖分开成"丁"字形,双手四指并拢,交叉相握,右手叠放在左手之上,自然垂于腹前。

(3) 男性客运人员:双脚分开与肩同宽,脚尖略向外张,双手放在身后,左手半握拳,右手握左手手腕处。

2. 坐姿

(1) 入座前,腿与座椅应有30cm的距离;就座后,上身挺直,略向前倾,不得斜肩、倾背、抱胸、曲腰或闭目;不得打趣、玩笑和直接面对旅客整理个人仪容仪表,注意保持专业化坐姿和良好精神面貌。

(2) 女性客运人员:右手轻抚后裙摆(手心向上),左手自然放在身体一侧,坐下后右脚略向前移,左脚跟上,双膝、双脚并拢,大小腿之间成小于90°夹角,双手五指并拢自然放在腿上。

(3) 男性客运人员:坐下后,双脚略分开,膝关节分开与肩同宽,双手五指伸直或轻握拳放在双腿之上。

3. 行走

(1) 挺胸收腹,颈部正直,目视前方,身体自然挺直,双臂自然摆动,双脚内侧在同一直线上行走,不左右摇摆,脚步不过重、过大、过急(特殊情况除外)。

（2）行走要礼让，与旅客走对面时要主动停下，伸手示意让路，不与旅客抢道、并行。

（3）女性客运人员在旅客周围巡视时，双手可自然相握，抬至腰间。

（4）客运人员集体进出站车时，要列队行走，女性在前，男性在后，列车长或客运值班员在队列左侧中后部同步行走。

（5）携带箱包行走时，拎（带）包或拉箱时，应队列整齐，步伐一致，箱（包）应在同一侧。

4. 取拾物品

在较低位置取拾物品时，不得弯腰，必须下蹲。下蹲时，一腿在前一腿在后，双腿并拢，腿高一侧的手轻扶在膝盖上，腿低一侧的手用来取拾物品，背部尽量保持自然挺直，轻蹲轻起，直蹲直起。

5. 上举

手臂上举时要做到姿态优雅；必要时，可踮起脚跟以增加身体的高度。

6. 鞠躬

（1）鞠躬时应面带微笑，双脚并拢，脚尖略分开，双手四指并拢，交叉相握，右手叠放在左手之上，自然垂下腹前，身体向前，腰部下弯，头、颈、背自然成一条直线，上身起时，要比向下弯时稍慢时；视线随着身体的移动而移动，视线的顺序是：旅客的眼睛——脚——眼睛。

（2）迎送客时和行还礼时，身体鞠躬为30°。

（3）给旅客道歉时，身体鞠躬为45°。

7. 指示方位

指示方位时应五指并拢，小臂带动大臂，根据指示距离的远近调整手臂的高度，身体随手的方向自然转动，目光与所指示的方向一致；收回时，小臂向身体内侧略成弧线自然收回。忌用单个手指指示方位。

8. 面部表情

微笑时，嘴角微翘，嘴唇微启，表情真诚、自然。女性客运人员的微笑要甜美，男性客运人员的微笑要亲切。

9. 端拿递送

（1）服务时面带微笑，和旅客有适当的语言交流和眼神交流。

（2）端托盘时，双手端住托盘的后半部分，大拇指握紧托盘内沿，其余四指托住托盘底部；托盘的高度应在腰间以上胸部以下，托盘端平，微向里倾斜；托盘上放置的物品不应过高，以不超过胸部为宜。

（3）拿东西时，应轻拿轻放。拿水杯时，应该一手握住水杯把（无把手水杯应拿水杯的下 1/3 处），一手轻托水杯底部。

（4）递送东西时，应站在旅客的正面与之成45°角的地方，双手递送；递送东西应到位，当对方接稳后再松手。

10.3.2 着装要求

1. 女性客运人员

1）基本要求

（1）衣着合体，不得随意改变制服款式。

（2）制服应洗净，熨烫平整，无污渍、斑点、皱褶、脱线、缺扣、残破、毛边等现象。

（3）制服上不得佩戴任何饰物；着制服当班时，必须佩戴职务标志。

（4）在非工作时间，除集体活动外，不得穿制服出入公共场合和乘坐列车。

2）夏装着装要求

（1）连裤袜的颜色应统一为肉色或浅灰色，不得出现破洞和抽丝等现象。

（2）统一佩戴领花或丝巾。

（3）制服上装每天都须水洗。

（4）不得将笔插放在衣兜内。

3）春秋装、冬装着装要求

（1）外套、上衣、裙子、裤子的钮扣和拉链等应扣好、拉紧。

（2）统一佩戴领带、领花或丝巾；衬衣应束在裙子或裤子内，衬衣的衣袖不得卷起。

（3）裤装必须干净、平整、有裤线，不可有光亮感。

（4）穿着风衣、大衣时，须扣好钮扣，系好腰带。

（5）穿着外套、风衣、大衣时，必须戴工作帽。但在车厢、室内、送餐时可不戴。

（6）不得将笔插在衣服前襟。

4）穿着围裙要求

（1）餐饮服务人员服务时应穿着围裙。穿着围裙的时间为服务餐饮之前；脱围裙的时间为收完食品包装物后。穿、脱围裙的时间必须一致。

（2）保证围裙干净、平整、整齐，穿戴完毕后应互相整理。

（3）围裙结一律系成蝴蝶结状。

5）佩戴职务标志要求

（1）职务标志应别于左胸上方，与上衣第二颗钮扣平行。佩戴臂章时，臂章上缘应当于左袖肩下四指处。

（2）穿着围裙时，不可将职务标志佩戴在围裙上。

2. 男性客运人员

1）基本要求

（1）衣着合体，不得随意改变制服款式。

（2）制服应洗净、熨烫平整，无污渍、斑点、皱褶、脱线、缺扣、残破、毛边等现象。

（3）制服上不得佩戴任何饰物；着制服当班时，必须佩戴职务标志。

（4）袜子的颜色应统一为深蓝色或黑色。

（5）在非工作时间，除集体活动外，不得穿制服出入公共场合和乘坐列车。

2）夏装着装要求

（1）统一佩戴领带，衣领上的扣环必须扣好，上衣应束于裤内。

（2）裤子必须保持干净、平整、有裤线，不可有光亮感。

（3）制服每天必须清洗。

3）春秋装、冬装着装要求

（1）袜子的颜色应统一为深蓝色或黑色，每天更换。

（2）外套、上衣、裤子的钮扣和拉链等应扣好、拉紧。

（3）统一佩戴领带，衬衣应束在裤内，衬衣的衣袖不得卷起。

（4）穿着风衣、大衣时，须扣好钮扣，系好腰带。

（5）穿着外套、风衣、大衣时，必须戴工作帽。但在车厢、室内时可不戴。

4）佩戴职务标志要求

（1）职务标志应别于左胸上方，与上衣第二颗钮扣平行。佩戴臂章时，臂章上缘应当于左袖肩下四指处。

（2）列车长臂章应端正别挂在规定位置，不可用松紧带套手臂上。

10.3.3　发型要求

1. 女性客运人员

（1）每天保持干净,有光泽,无头皮屑。

（2）短发最短不得短于两寸,发长最长不得超过衣领底线,刘海应保持在眉毛上方,禁止理奇异发型。

（3）任何一种发型都应梳理整齐,使用发胶、摩丝定型,不得有蓬乱的感觉。

（4）发应保持黑色或自然棕黄色,不得使用假发套。

（5）头发夹、发箍、头花应为无饰物黑色。

2. 男性客运人员

（1）每天保持干净,有光泽,无头皮屑。

（2）发型要修剪得体,轮廓分明,头发应梳理整齐,使用发胶、摩丝等定型,不得有蓬乱的感觉。

（3）头发两侧鬓角不得长于耳垂底部,发长前面不遮盖眼睛,后部不长于衬衣领。

（4）不得剃光头、烫发和剪板寸头。

（5）头发应保持黑色或自然棕黄色,不得使用假发套。

10.3.4　化妆装饰

1. 女性客运人员

当班前,必须按标准化淡妆,工作中还应注意及时补妆,补妆应在洗手间或乘务间进行。

（1）唇线的颜色应与口红颜色一致,不得使用珠光色口红和不健康色的口红。

（2）眉毛的颜色应接近头发颜色,应修剪秀丽、整齐,眉笔应使用黑色、深棕色。

（3）使用眼影,颜色应与制服颜色一致。

（4）画眼线时,颜色应使用黑色、深棕色。

（5）香水以清香、淡雅型香水为限,不可过香、过浓。可喷口香剂保持口气清新。

（6）双手要保持清洁健康,指甲修剪整齐美观,指甲保持肉色,可涂透明色指甲油,但不得有脱落现象。涂色指甲长度不超过手指尖3mm,不涂色指甲不超过2mm,手指甲长度应保持一致。

2. 男性客运人员

（1）不得留胡须。

（2）双手要保持清洁健康,手指不得有抽烟留下的熏黄痕迹,指甲应保持清洁,修剪整齐,无凹凸不平的边角,长度不超过手指尖2mm。

（3）工作中始终保持手和面部的清洁卫生。

（4）可喷口香剂保持口气清新。

10.3.5　言谈举止

1. 基本要求

（1）与旅客交谈时,要面对对方,保持适当距离(45cm～100cm)。

（2）站姿端正,可采取稍弯腰或下蹲等动作来调节身体的姿态和高度。

（3）目光要注视对方的眼睛,以示尊敬。

（4）要注意听取对方的谈话,不可东张西望。

（5）口齿清楚、语气温和、用词文雅、简洁适中、态度诚恳,给对方以体贴信赖感。

（6）如果不得已需要打断旅客说话时,应等对方讲完一句话后,先说"对不起",再进行说明。

（7）无意碰撞或影响了旅客,应表示歉意,取得对方谅解。

（8）遇到经常乘坐列车的旅客,应主动打招呼问候,表示欢迎。

（9）为旅客发送物品时,应主动介绍名称,严格遵循发放原则:先左后右、先里后外、先宾后主、先女后男。

（10）对旅客提出的合理要求,应尽量满足,不能做到时,应耐心解释。应允旅客的事情,一定要落实,要言而有信。不打听旅客的隐私,特别是外国旅客的年龄（多为女宾）、薪金收入、衣饰价格等。

2. 有助于表现专业形象的说话方式

声音柔和而清晰并具有亲和感;语言简单明了;语速快慢适当;音量高低适中;不可说话时做其他事情;特殊情况下可使用方言。

3. 不应有的说话方式

（1）声音使人感觉粗俗刺耳;声音太大或太小;声音庸懒倦怠;呼吸声音过大,使人感到局促不安和犹豫;鼻音过重。

（2）口齿不清,语言含糊,令人难以理解;语速过慢,使人感觉烦闷;语速过快,使人思维无法跟上。

（3）语言平淡,气氛沉闷;使用过于专业的术语;使用责备的口吻甚至粗鲁的语言。

（4）随意打断旅客的说话;表现出厌烦的情绪和神色;边走边讲或不断地看手表;手放在口袋里或双臂抱在胸前;手扶着座椅靠背或坐在扶手上。

（5）谈论与工作无关的事情;与旅客嬉笑玩闹;对旅客评头论足。

10.3.6 其他

1. 皮鞋

皮鞋款式应简洁,不得有任何装饰物,保持光亮无破损。

2. 饰物

（1）必须戴走时准确的手表,手表款式、颜色简单不夸张,宽度不得超过2cm,不得系挂怀表。

（2）只可佩戴一枚设计简单的金、银或宝石戒指。

（3）女性客运人员只戴一副式样和形式保守的金、银质或镶嵌物直径不超过3mm耳钉,不得佩戴耳环、耳坠等。

（4）男性客运人员不准佩戴任何饰物。

3. 礼貌礼仪

（1）常用的文明用语:请、您好、谢谢、辛苦了、对不起、请原谅、早上好、中午好、晚上好、晚安、再见。

（2）时刻注意自己的仪容、仪表、举止、言谈。

（3）不食用大蒜、大葱和韭菜等有强烈刺激性气味的食品。

（4）不在公共场所修指甲、挖鼻孔、剔牙齿、掏耳朵、伸懒腰。不用手指人。

（5）不随地吐痰,乱扔杂物。

（6）不大声喧哗、谈笑和影响他人。不在旅客面前接打手机。

（7）打喷嚏和打哈欠时要用手捂住口鼻,面向一旁。

（8）离开公寓时,应整理房间,保持整洁。

（9）进入餐厅时,不将手提包或衣、帽等放在餐桌上;不可穿拖鞋、着睡衣进入餐厅。就餐时要坐姿端正;咀嚼食物要慢,不发出声音。

10.4 思 考 题

1. 《铁路旅客运输规程》规定,动车组是指运行速度在( )及以上的列车。
   A. 150km   B. 160km   C.180km   D. 200km
2. 乘坐动车组列车行李不超过( )cm。
   A. 130   B. 110   C. 160   D. 200
3. 《铁路旅客运输规程》是依据( )制定的。
   A. 《铁路旅客运输管理规则》
   B. 《铁路技术管理规程》
   C. 《中华人民共和国铁路法》
   D. 《铁路客运运输规则》
4. 旅客列车车容标准:庄重美观,整洁卫生,设备齐全,( )。
   A. 标志明亮   B. 标志明显   C. 标志鲜明   D. 标志醒目
5. 乘务组的主要工作是:( )。
   A. 通告站名
   B. 及时妥善安排旅客座席、铺位
   C. 组织旅客安全乘降
   D. 宣传安全常识
6. 旅客列车乘务组由( )乘务员组成。
   A. 餐车   B. 客运人员   C. 公安乘   D. 车辆
7. 列车乘务员乘务工时包括( )。
   A. 运行中值乘时间
   B. 出退勤时间
   C. 途中交接班时间
   D. 库内清扫时间
8. 广播时广播用语( )、内容丰富、形式多样,播音( )、音量( )。
   A. 规范,清晰,适宜
   B. 标准,清楚,合适
   C. 规范,清楚,适中
   D. 适当、清晰、合适
9. 礼貌用语十字是:请,您好,( ),对不起,再见。
   A. 劳驾   B. 借光   C. 打扰   D. 谢谢
10. 乘务员立岗姿势:面向( )方向站立,挺胸、收腹,两脚跟并拢,脚尖略分开,双手自然垂直。
    A. 旅客进站   B. 旅客放行   C. 旅客上车   D. 检票口

附录 航线设备检查单

设 备	检 查
便携式氧气瓶	在位； 面罩与氧气瓶匹配； 氧气输出口的防尘帽堵塞在位； 压力表指示最小值为 $1600\,\mathrm{psi}(1\,\mathrm{psi}=6.89476\times10^{3}\,\mathrm{Pa})$
急救药箱	在位； 铅封完好无损； 已上锁
急救箱	在位； 铅封完好
水剂灭火瓶	在位； 铅封完好； 二氧化碳筒心可见(通过手柄上的孔可见)
HALON 灭火瓶	在位； 红色塑料指示牌或铅封完好； 压力表指示在绿色区域
婴儿救生衣	在位； 数量准确(集成包装)
加长安全带	在位； 锁扣与客舱安全带匹配； 数量准确(集成包装)
呼吸保护装置	在位； 包装完好
客舱维护记录本	在位； 记录的客舱设备故障已作适当处理
机组座椅,安全带	座椅自动功能正常； 安全带收缩正常； 型号正确
机组救生衣	在位； 型号正确
示范用救生衣、氧气面罩、安全带	在位； 数量正确
手电筒	在位； 玻璃罩清洁,光亮正常； B737 手电筒外壳上的红灯闪亮

设　备	检　查
扬声器	在位； 声音正常； 固定良好
内话/广播手机	在位； 声音正常
（厕所内）烟雾探测系统	灯光指示正常； 声音正常
（厕所内）自动灭火装置	在位； 压力表指示在绿色区域或热熔帽呈白色
系好安全带、禁止吸烟指示灯	客舱、厨房、乘务员座位处显示正常
（厕所内）返回座位指示灯	显示正常
客舱准备简介单	在位； 数量正确（黄、蓝各一份）
灭火毯	在位； 包装完好

参 考 文 献

[1] 宋静波. 飞机构造基础. 北京:航空工业出版社,2011.

[2] 曹建华,白冰如. 飞机构造. 第2版. 北京:国防工业出版社,2012.

[3] 伊恩·莫伊尔(Ian Moir),阿伦·西布里奇(Allan Seabridge),连春仙,等. 飞机系统:机械、电气和航空电子分系统综合.
第3版. 北京:航空工业出版社,2011.

[4] 汪泓,周慧艳. 机场运营管理. 北京:清华大学出版社,2008.

[5] 张越,胡华清. 航空公司·飞机·民航机队. 中国民航之路,2006,(11):39-42.

[6] 盛美兰,江群. 民航客舱设备操作实务. 北京:中国民航出版社,2011.

[7] 张丽,谢春讯. 客舱设备运行及管理. 第2版. 北京:旅游教育出版社,2010.

[8] 廖正非,孔庆棠. 客舱服务训练教程. 北京:国防工业出版社,2009.

[9] 张黎宁,刘丽新. 民航客舱服务. 北京:高等教育出版社,2007.

[10] 张琳. 动车组列车服务质量分析及服务创新体系建构研究. 北京:北京交通大学,2009.

[11] 薛淳,方鸣. 中国和谐号CRH动车组. 中国科技投资,2008,(12):36-38.